学ぶ人は、
変えて
ゆく人だ。

目の前にあ

人

社会の課

挑み続けるために、人は学ぶ。

「学び」で、

少しずつ世界は変えてゆける。

いつでも、どこでも、誰でも、

学ぶことができる世の中へ。

旺文社

大森徹の生物
実験・考察
問題の解法

大森　徹　著

旺文社

はじめに

計算問題やグラフ問題が苦手，遺伝が苦手，論述問題が苦手…。そんな声にお応えして，Doシリーズで『計算・グラフ問題の解法』・『遺伝問題の解法』・『記述・論述問題の解法』を刊行してきました。

そして！　最後に残った難敵，ボスキャラ（？）は実験考察問題です。

どれだけ勉強していても，本番では見たことがない実験，聞いたことがないテーマの問題が出題されます。そんな問題にはどう立ち向かえばいいのでしょうか。

よく，「たくさん実験考察問題を解きまくれば，なんとかなりますか？」と質問されます。おそらく，やみくもに解きまくっても実験考察問題に強くなることはなかなかできないと思います。

実は，表向きは全く違う実験考察問題であっても，その奥の方での考え方，頭の動かし方には共通点，法則があるのです。見かけに惑わされず，正しい生物学的な考え方，頭の動かし方の訓練を行えば，やみくもに何十題もの実験考察問題を解きまくるよりも，もっと確実に，実験考察問題を解く思考力を身につけることができるのです。

本書は，ただ実験考察問題を並べているのではありません。実験考察問題が非常に苦手という受験生でも，1つ1つ積み重ねながら，わかりやすく，正しく，しかも素早く思考力を鍛え，高めていくことができるように工夫を凝らしてあります。

本書をキチンと最後までマスターできれば，きっと「実験考察問題なんて怖くないんだ！」という自信がわいてくるはずです。

この『Doシリーズ　大森徹の生物』のシリーズ全体にわたって，さまざまなアドバイスや細かなチェックをしていただいた小平雅子さんに心よりお礼申し上げます。そして，いつも見守ってくれている愛妻(幸子)，愛娘(香奈)，愛犬(来夢，香音)，愛猫(夢音，琴音)に感謝します。

大森徹

もくじ

第3編　思考力を鍛える実戦問題ベスト20

第３編の解説・解答は別冊

※問題は，より学習効果が高まるように適宜改題してあります。

編集担当：小平雅子
装丁：畑中猛　本文デザイン：大貫としみ（ME TIME LLC）　イラスト：綿貫恵美

本書の使い方

第１編　思考考察のための15のコツ

ぜひ第１編の１ページ目から，焦らず，順番に，丁寧に，１つ１つ納得しながら読み進めていってください。結論を急いではいけません。答えだけを求めようとせず，考え方，ヒントのとらえ方，頭の動かし方を一緒に体感していきましょう。

第１編には，そのような「思考のパターン」や「ヒントの探し方」，「メモの仕方」などのコツがたくさん書いてあります。そのような問題文の読み方，頭の動かし方は，どんな問題を解くときにも威力を発揮します。１つ１つ身につけていってください。

第２編　思考力を養う重要例題ベスト20

第2編では，第1編で身につけた考え方や法則を，実際の問題の中で使っていく訓練をします。問題文はこう読む！と解答へのプロセスの２段階で解説しています。直感で答えがわかったとしても，そのようなカンや偶然に頼ることなく，正しい考え方を身につけるための練習だと思って，問題文の読み方，解答へ向かう頭の動かし方を，私と一緒にたどっていってください。

第３編　思考力を鍛える実戦問題ベスト20

第２編がきちんとマスターできたら第3編に挑戦しましょう。くれぐれも答えや結論を急がず，考え方を身につける，正しい思考力を養うためのトレーニングであることを意識して取り組んでください。

実際，第３編に登場する問題は，全く同じような問題が再度入試で出題されることは少ないかもしれない問題(典型的ではない問題)が多くなっています。ですから，最後の結論だけを覚えても，何の役にも立ちません。

第３編の解説(別冊)もアプローチと解答へのプロセスの２段構えになっています。アプローチは考え方を示して，最後まで解説してしまわず，「では，この後は自分で考えてみよう」という構成になっています。ただ解説を読んで「ふんふん」とうなずいているだけでなく，そこでいったん立ち止まって，実際に自分で考えるようにしましょう。その上で，次の解答へのプロセスに向かいます。

すぐに解答を見てしまわず，最後の最後，ぎりぎりまで考えることが重要です。そのため解答は最後の最後に示してあります。

さあ！　さっそく第1編からスタートしていきましょう!!

第１編

思考考察のための 15のコツ

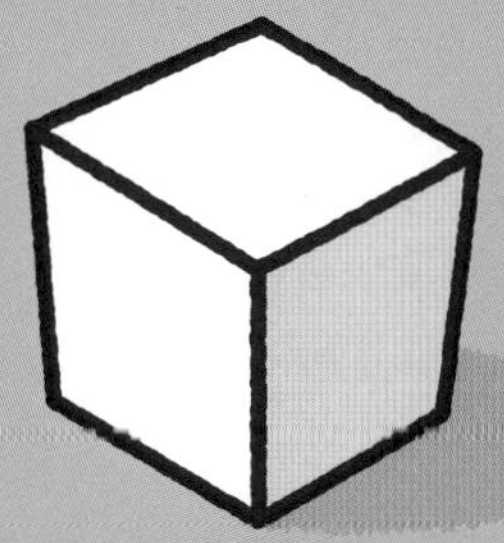

STAGE 思考考察のための15のコツ

0 考察・思考問題を解くときの心構え

1 考察問題・思考問題とは？

(1) 考察問題，思考力を問う問題といわれて，何か新しいことを自分で発見したり，ゼロから創造したり，突然新しいことを発想したりしなければならないと思っている受験生がいるかもしれませんが，それは違います！

(2) 全く見たこともないような実験をテーマに問題が出題されていても，必ず問題にはヒントがあり，その**ヒントや見慣れない実験の結果と，ふだん学習してきた内容を結び付けていく**，これが考察・思考問題なのです。けっして**新しい発想を求めているのではない**のです。逆に，ヒントを無視して勝手に想像したり，発想したり，もちろん空想したり妄想したりしてはいけないのです。

(3) 実際の研究者達が行っている実験の数は膨大で，１年も２年も，時には何十年も年月をかけて実験を積み重ねていきます。なかには，せっかく実験しても失敗に終わったり，さんざん時間をかけたけれども何の結果も得られなかったり，ということもあります。でも，それらを題材にして入試問題を作るとき，結果が得られなかった実験まで全部再現して示し，制限時間５年で解きなさい！ なんていうことはないのです。入試問題では，数ある実験や膨大なデータの中から，**結果に結びついたもの，最終的な結論に至るのに必要だった実験，ちゃんと結論が得られるデータだけを厳選**して，提示してくれるのです。

2 入試問題は，ヒントから正解を導けるように作ってある

(1) ちょうど，実際の事件と推理ドラマとの違いに似ています。

実際の事件では，あらゆる可能性を考え，容疑者もたくさんいて，それらの容疑者のアリバイを調べたり動機を調べたりして，捜査に何か月も何年もかかるかもしれません。でも，推理ドラマでは，50分位でちゃんと事件が解決されるように，たくさん考えられる捜査過程の中から，容疑者を絞り込めるエピソードだけを厳選してあります。そして，探偵役の人が，数名に絞り込まれた容疑者を崖の上に連れて行って(なぜ崖？)，ずばりと「あなたが犯人だ！」と言ってめでたく事件が解決します。

(2) 最終的に犯人は，絞られた容疑者の中に必ずいますよね。「犯人は，実はこの中にはいません。実は今まで１度も登場していない人でした。」とはならないはずです。

入試問題も同じです。**必ず問題文の中に容疑者に相当するヒントがあり，その中から犯人を（正解を）導ける**ように作ってくれています。

(3) 宝石か何かが盗まれて，容疑者が数名に絞られているのに，「UFOがやってきて宇宙人が取っていったという可能性は考えなくていいんですか？」なんて言うのはおかしいですよね。でも，入試問題を解くときに，問題文に全く書いていないことを空想して（UFOと同じレベルの空想をして），「こんな可能性はないのですか？」といった質問をしてくる受験生がけっこういます。問題文を無視してはいけないのです。

3 推理小説のように楽しもう！

(1) 考察…，思考…と恐れることなく，与えられた容疑者から犯人を探す，ちょうど推理小説を楽しむようなつもりで取り組めば，考察・思考問題も楽しく解けるようになります。必ず!! 絶対に!!!

(2) さあ！ 少しは気持ちが楽になりましたか？

あとは，**ヒントの探し方，ヒントの見抜き方，正しい生物学的な（空想ではない）考える手順**を身につけていけばいいのです。

次からは，具体的に１つ１つヒントの見抜き方や考える手順を学んでいきましょう。

ここが大切 ❶ **空想せずに，問題文の中からヒントを探す。**
ヒントを探せば必ず解ける！
➜ 推理小説を読むように，考察・思考問題を楽しもう！

1 ヒントの合図① ～「なお,」・「また,」・「ただし,」～

1 ヒントはどこにある？

⑴ さあ，必ずどこかにヒント・手掛かりがあることはわかりました。次は，長い問題文中の**どこにヒントが隠されているのかを見抜く**必要があります。

⑵ サスペンスドラマでは，手掛かりになる大事な場面では「ジャンッ！」と効果音が鳴ったり，映像がアップになったり，探偵役の役者さんが「ニヤリ」と笑ったりしてくれるので，「おっ！ この場面が重要なんだな！」とすぐにわかったりします。入試問題でも，問題文の中に「ここがヒント！」なんて書いてあったり，大事な部分に○が付いていたり，そこだけ赤字になっていたらすぐにわかるのに…。本当にそうですよね。でも，実際の問題文の中にも，○や赤字はありませんが，**実は「ここがヒント！」という合図があるんです。**

2 「なお,」・「また,」・「ただし,」はヒントの合図

⑴ 「え～っ！ そんな問題見たことないよ！」という声が聞こえてきそうですね。もちろん，「ヒント」という文字なんかは書いてありません。でも，それと同じ意味の合図があります。それは，**「なお,」・「また,」・「ただし,」**という合図です。

長い問題文の最後の方に，「なお，○○○とする。」「ただし，○○○である。」というフレーズがあるはずです。この**「なお,」・「また,」・「ただし,」の後ろに書いてある内容がヒントになっていることが多いのです。**

⑵ さらに，**それをちゃんと意識する訓練をする**のです。さーっと問題文を読んで，「ふんふん…」で終わってしまうと，せっかくのヒントを読み飛ばしてしまいます。**「なお,」・「また,」・「ただし,」が出てきたら，それに○を付けて，**自分自身に「おいっ！ ヒントの合図が出てきたぞ！ 注意しろよ！」と注意を促すのです。いくらきちんと読んでいても，いざ設問を解く段階に入ってしまうと，せっかくのヒントを忘れてしまうこともよくあります。日頃から**○を付けながら読む訓練**をしておきましょう。

3 入試問題をみてみよう！

⑴ では，早速，実際の入試問題をみてみましょう。

マウス精巣にある精原細胞は，隣接する支持細胞であるセルトリ細胞からの制御を受けて，自己増殖と精子形成へ向けた分化を行う(図1)。精原細胞，セルトリ細胞のいずれに機能異常が起きても精子形成は正常に進行しない。精子形成に関与する遺伝子を明らかにするために，雄マウスが劣性遺伝により不妊を示す変異マウス系統Aを調べた。その結果，不妊雄の精巣では精原細胞とセルトリ細胞は存在するが，精子形成へ向けた分化が行われていないことが明らかとなった。

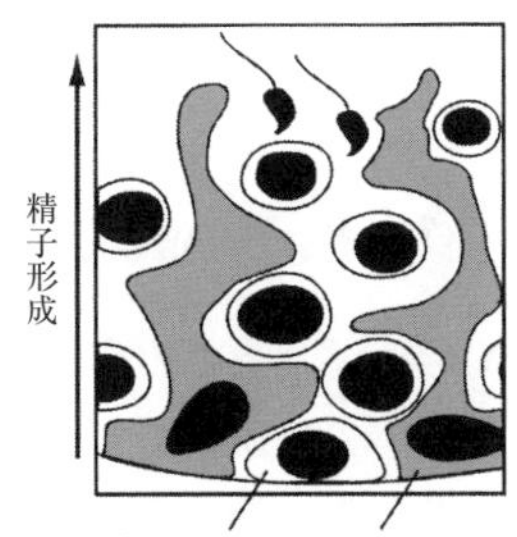

図1

変異マウス系統Aと同様の表現型を示す変異マウス系統Bは，精原細胞に機能異常を示し，セルトリ細胞の機能は正常であることが明らかとなっている。変異マウス系統Bの不妊雄の精巣へ正常な機能をもつ精原細胞を移植すると，移植した細胞(ドナー細胞)は移植先の精巣(レシピエント精巣)に定着して精子形成が起こる。

同様の実験方法を用いて，変異マウス系統Aの不妊雄で精原細胞とセルトリ細胞のどちらに機能異常があるかを調べることとする。変異マウス系統Aの不妊雄が，(1)精原細胞に機能異常を示す場合，(2)セルトリ細胞に機能異常を示す場合，それぞれ表1に示すドナー細胞とレシピエント精巣のどの組合せで精子形成が起こることが予想されるか。表1の(あ)〜(う)から選び，記号で記せ。なお，変異マウス系統Aは精原細胞かセルトリ細胞のいずれか一方のみに機能異常を示すものとする。

表1

レシピエント精巣 ＼ ドナー細胞	変異マウス系統B精巣	変異マウス系統A精巣
野生型精原細胞	精子形成あり	(あ)
変異マウス系統A精原細胞	(い)	(う)

(2)　この問題は，京都大学の実際の入試問題です。最後から2行目に「なお,」が登場していますね。**読みながら「なお,」に印を付けましょう。**

「なお, 変異マウス系統Aは精原細胞かセルトリ細胞のいずれか一方のみに機能異常を示すものとする」と書いて，容疑者をたった2つにまで絞ってくれています。「精原細胞とセルトリ細胞以外にも，異常がある可能性があるのでは…？」と空想してはいけないのです！

(3)「それで，答えは？」……焦らない，焦らない！ まずは，正しい問題文の読み方，正しい頭の動かし方を順に学んでいきましょう。今は，**「なお,」を発見して丸を付けること**ができればOKです。この問題は後(p. 78)でちゃんと再登場します。

ここが大切 ② **「なお,」・「また,」・「ただし,」はヒントの合図！**

➜ ○を付けて自分に注意を促そう!!

2 ヒントの合図② ～ヒントの場所～

1 推理小説では…

(1) 私は，皆さんと同じ高校生くらいのときに推理小説にはまり，自分でも推理小説を書いたりしていました。ちゃんと手掛かりを与えて，読者が犯人を当てられるように書くのですが，あまりにもヒントが露骨だとすぐにばれてしまいます。では，どんなところに手掛かりを書いたのかというと，**いろいろな事件が起こる前に，さりげなく手掛かりになる話を書いておく**のです。いろいろな事件が起こって，探偵が登場してからだと，誰でも一生懸命読むのですぐにヒントがばれてしまいます。いろいろな事件が起こる前だと，割と読み飛ばしてしまうことが多く，バレないのです。

2 入試問題でも…

(1) 実は，入試問題にも同じような傾向がみられます。「なお，」・「また，」・「ただし，」のヒントの合図のほかに，**いろいろな実験を行う前，あるいは問題文の最初の方にヒントが書いてある**ことが多いのです。

ふつう，問題文の最初の方なんてあまり注意して読まないことが多いのではないでしょうか？ でも意外と重要なことが書いてあることがあるんですよ。

これも，実際の入試問題でみてみましょう。

マウスの発生における雌雄の違いは，受精後12日目前後の生殖腺の体細胞に現れる。雄ではＹ染色体上の遺伝子Ｚの働きにより，生殖腺が精巣へ分化する。一方，Ｙ染色体のない雌の生殖腺は卵巣に分化する。受精後12日目には生殖細胞の発生にも雌雄差が現れ，雌の生殖細胞は減数分裂を起こすが，雄の生殖細胞は体細胞分裂の G_1 期で停止する。

生殖細胞の発生の雌雄差に与える生殖腺の影響を調べるために，次ページの図に示す**実験１～６**を行った。**実験１**と**実験２**では，雌または雄の受精後11日目の生殖腺から取り出した生殖細胞を単独で培養した。**実験３**と**実験４**では，雌または雄の受精後11日目の生殖腺から取り出した生殖細胞を異性の生殖腺に移植した。**実験５**と**実験６**では，雌または雄の受精後12日目の生殖腺から取り出した生殖細胞を異性の生殖腺に移植した。２日後に観察した結果，生殖細胞は図に示すように G_1 期で停止するか，減数分裂した。

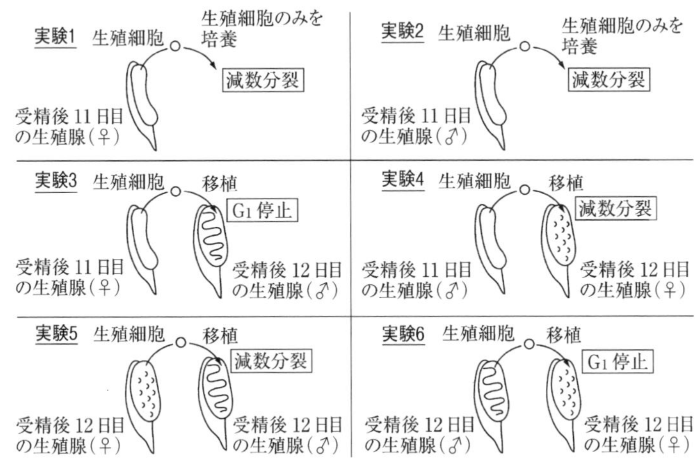

(1) 受精後13日目の雌の生殖細胞を受精後12日目の雄の生殖腺に移植すると，その生殖細胞はどのようになるか。予想される結果と，その結果が得られる理由を100字程度で記述せよ。

(2) 遺伝子Zの働きを受精後12日目の胚(XY個体)の生殖細胞のみでなくした。この生殖細胞を，受精後12日目の雌の生殖腺に移植した。この実験において予想される結果と，その結果が得られる理由を100字程度で記述せよ。

---

(2) どうですか？ これも京都大学の入試問題です。何に注目して欲しかったかというと，問題文の5行目「生殖細胞の発生の雌雄差に与える**生殖腺の影響を調べるために**，次ページの図に示す**実験1〜6**を行った」の部分です。そうなんです，ちゃんと**何を調べるための実験かを書いてくれてある**のです。

3 実験の前に，「目的」・「テーマ」が書いてある

(1) 「いったいこの実験は何を調べようとしているのだろう？」，「何がテーマなんだろう…？」と悩む受験生がいます。でも実は，**実験の前にちゃんと実験の目的が，テーマが書いてあるんです**。そこを読み飛ばさないようにすることが大切です。**できれば下線を引く**などするといいですね！

(2) 「…で，この問題の答えは？」 …焦らない，焦らない！ これもちゃんと後で(p. 92)再登場します。じっくり行きましょう。

ここが大切 ▶ **3 事件が始まる前に手掛かりがある！**
➜ 実験が始まる前に実験の目的が書いてある。
そこを読み飛ばさない！

3 ヒントの合図③ ～材料は何？～

1 「材料」に気を付けよう

(1) 次の超基本問題を解いてみてください。

問題 次のア～オは，植物細胞の体細胞分裂の何期の現象か答えよ。当てはまるものがない場合は「なし」とせよ。

ア．核膜や核小体が消失する
イ．染色体が紡錘体の赤道面に並ぶ
ウ．二価染色体が形成される
エ．各染色体が分離して両極に移動する
オ．細胞膜がくびれて細胞質分裂が行われる

(2) いかがでしたか？　簡単でしたよね。

まずアは前期の現象，イは中期の現象ですね。ウの二価染色体は減数分裂の第一分裂前期でみられる現象ですが，いま問われているのは体細胞分裂なので当てはまるものがありません。「なし」と答えます。エは後期の現象ですね。そしてオは終期の現象…ですが，いま問われているのは植物細胞です。動物細胞では終期に細胞膜がくびれて細胞質分裂が行われますが，植物細胞では細胞板を形成して細胞質分裂するのでした。よってオの解答も「なし」となります。

(3) もしも，問われているのが「動物細胞」であればオはもちろん終期と答えます。でも「植物細胞」なので「なし」が正解となるのです。このように，生物の問題では，扱っている材料・問われている材料が，動物なのか植物なのか，真核生物なのか原核生物なのか，脊椎動物なのか無脊椎動物なのか，被子植物なのか裸子植物なのかなど，**材料が何であるか**によって，解答が変わってくる場合がたくさんあります。

(4) **そのような材料も，たいてい最初の方に書いてあります。**材料が登場したら，**印を付けてチェックする**癖をつけておきましょう。

2 入試問題をみてみよう！

(1) では，早速，実際の入試問題をみてみましょう。大阪大学の問題です。

細胞内の種々の物質の濃度は，細胞を取り巻く体液とは異なるように維持されている。ヒトの赤血球を例にとると，細胞内は細胞外に比べてカリウムイオン(K^+)の濃度は高く維持されている。このような細胞のイオン濃度の調節のしくみを調べるために以下のような実験を行った。

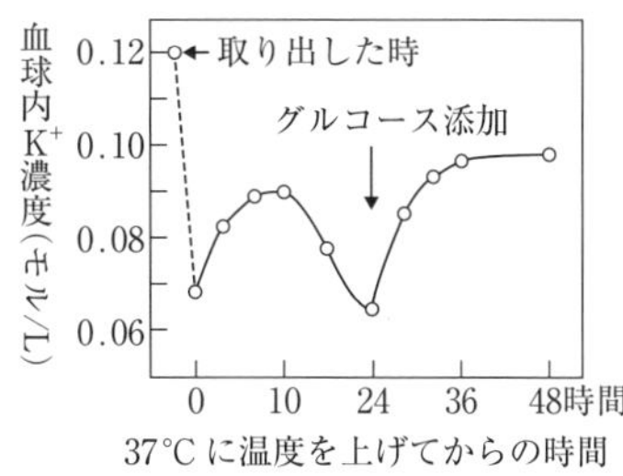

実験1：取り出したヒトの赤血球を体液と同じイオン組成の溶液に浮遊させ，4℃で数日間放置すると，血球内のK^+濃度は減少した。そこで，温度を37℃に上げると，数時間で血球内のK^+濃度は増加した。しかし，37℃のままさらに数時間経過すると，血球内のK^+濃度は減少した。

実験2：実験1に引き続き，赤血球の浮遊液にグルコースを加えたところ，血球内のK^+濃度が増加した。しかし，グルコースの代わりにATPを加えたのでは，効果がみられなかった。

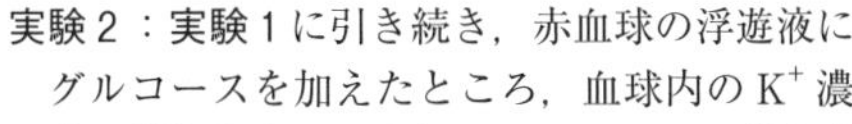

問1　実験2でATPを加えたのでは効果がなかったのはなぜか，答えよ。

問2　実験2で，グルコースを加える代わりにピルビン酸を加えるとどのような結果になると予想されるか，答えよ。

(2)　さあ，「材料」にチェックは付けられましたか？ 用いた材料は何でしたか？ そう，**ヒトの赤血球**ですね。これがニワトリの赤血球だったり，ヒトの肝細胞だったりすると，答えが変わってしまうのです。答えがどう変わるのかって？　それは，後程(p. 75)じっくりと考えてみましょう。

ここが大切 4 **実験に用いた材料が書いてあったら，印を付けて注意を促す！**

問題文の読み方 ～「どこで?」・「どこへ?」～

1 「どこで?」・「どこへ?」に注意する

(1) 問題文を読むときに，**材料に注意**したり，**実験の目的を読み飛ばさない**ようにしたり，「なお,」・「また,」・「ただし,」に**注目**したり，という注意点はお話ししました。それ以外にも，ぜひ注意しながら読んでほしいことがあります。それは，「どこで?」・「どこへ?」です。

2 「どこで実験しているの?」

(1) 「ある内分泌腺Xの働きを調べるために，ある実験をした。」という文章があったら，頭の中で**「どこで実験しているの?」**と突っ込みながら読んでください。たとえば「ある内分泌腺Xを取り出して**リンガー液に浸し**…」と書いてあれば，「ああ，**体外で行っている実験**なんだな」とわかります。内分泌腺が体内にある状態での実験なのか，内分泌腺を体外に取り出して行っている実験なのかによって，話は大きく異なってきます。

(2) 体内での測定であれば，内分泌腺X以外にもいろいろな内分泌腺や神経などが関係してきます。しかし内分泌腺Xを体外に取り出した場合は，内分泌腺Xだけのことを考えればよいのです。

3 「どこへ加えたの?」

(1) 同様に，「何か物質を加えた」という実験があった場合も，ただ「ふ～ん」だけではなく，**「どこへ加えたの?」**と突っ込みながら読みます。

「体内に注射した」のか，「取り出した内分泌腺内に加えた」のか，「培養液に加えた」のかによって，答えは変わってきてしまいます。

(2) 細胞内に加えたのと，培養液(＝細胞外)に加えたのとの違いは何でしょうか。

たとえば，受容体が細胞内にあるホルモンと，細胞膜にあるホルモンのように，細胞内で働く物質もあれば，細胞外から働きかける物質もあります。

また，細胞内で働く物質でも，細胞膜を透過して細胞内に取り込める物質であれば，細胞内に加えても細胞外に加えてもその物質の作用が現れます。しかし，細胞膜を透過できない物質であれば，細胞外に加えたのでは作用が現れません。**細胞内か細胞外かは非常に重要**なのです。

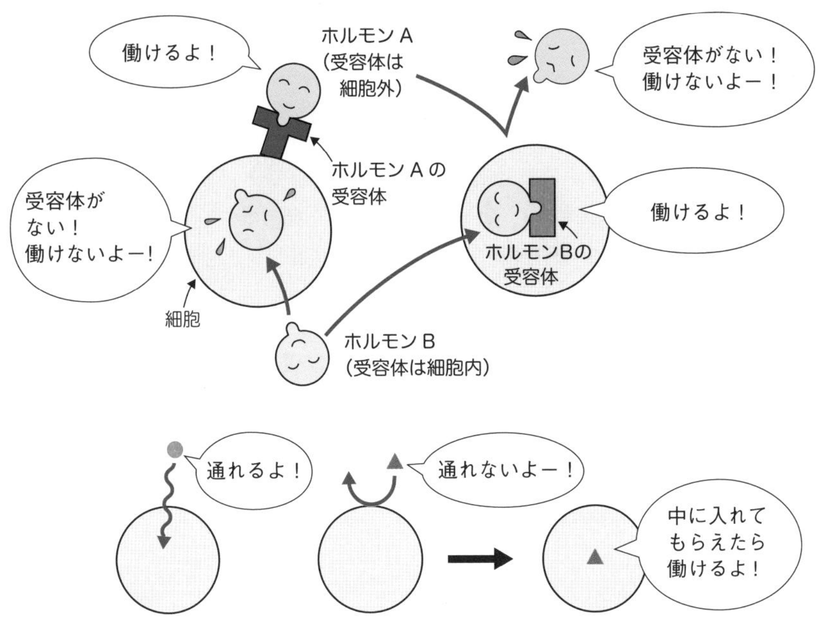

4 入試問題をみてみよう！

(1) では，次の九州大学の入試問題の一部をみてみましょう。

ヒトデの第一分裂前期で減数分裂を停止している卵母細胞を，1-メチルアデニンを含む海水に浸すと減数分裂を再開した。しかし，1-メチルアデニンを卵母細胞に注入した場合は，減数分裂は停止したままであった。

---

(2) 最初の実験では，1-メチルアデニンは海水中＝**細胞外**にあります。そして，2番目の実験では，1-メチルアデニンは**細胞内**にあります。ということは…，フムフム。1-メチルアデニンの作用の仕方がわかってきますね。詳しくは後程(p. 84)解いてみましょう。

ここが大切 ▶5 実験が行われたら，「どこで？」
物質を加えた実験では，「どこへ？」
と，突っ込みながら読む！

5 メモの取り方① ～ふだんからメモを取ろう！～

1 ふだんからメモを取る訓練をしよう！

(1) 「一目ですぐにわかるような単純な実験問題であればすぐにわかるけど，複雑になると解けません。」という悩みをよく聞きます。

「複雑な問題ではメモを取れ，と言われるけど，うまくメモが取れません。」という嘆きもよく耳にします。

(2) 複雑な問題になってから急にメモを取ろうとしてもうまくいかないのは当然です。易しい問題，単純な実験のときから，**メモを取る訓練**をするからこそ，複雑な問題であっても上手なメモが取れるようになるのです。

メモを取らなくてもわかるような単純な実験であっても，メモを取る練習をしていきましょう。

2 図解でメモしてみよう！

(1) メモにもいろいろな方法がありますが，一番わかりやすいのは**図解**することです。文章ではなく図を描きながら問題文を読んでいくのです。

(2) このメモは誰かに提出するわけではないので，自分がわかるようなメモを工夫しましょう。たとえば，「AがBに刺激を与える」場合は「A ⟶ B」とメモするとか，「AがCを抑制する」場合は，「A ⟶ ॥B」あるいは「A ⟶ ×B」とメモするとか，自分なりのメモの仕方を作っていきましょう。

同様に，「AがBをCに変化させる」というときは A ⟹ B↓C のように描くとわかりやすいですね。それ自身が変化する矢印(⟶)と，働きかける矢印(⟹)を区別してみました。発生で登場する誘導などのときには，この形のメモは特に威力を発揮します。

3 練習してみよう！

(1) では，練習です。次の現象を自分なりに図解してメモしてください。

練習❶　Aはaを分泌してBに刺激を与え，Bからのb分泌を促す。分泌されたbはCがDに分化するのを抑制する。

図解例

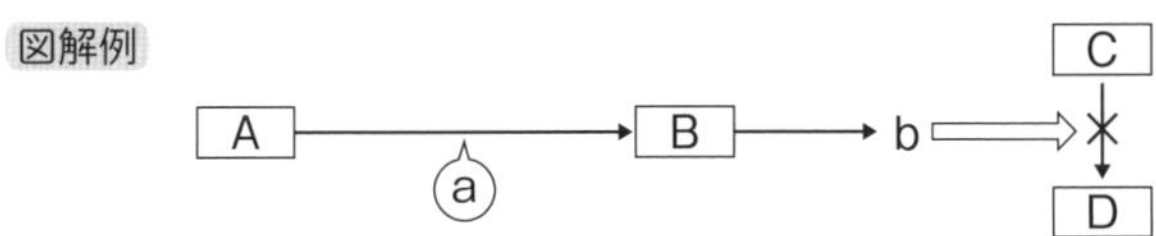

練習❷　Aの働きによりBが活性化する。一方Cの働きによりDが活性化する。活性化したBとDによりEが刺激されると，Eの働きでFがGに変化する。

図解例

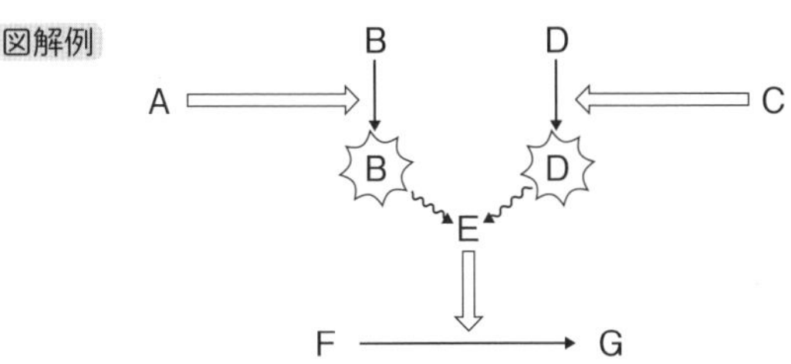

練習❸　細胞Aの培養液にαを添加したが反応は起こらなかった。細胞A内にαを注入するとAはBに変化した。

図解例

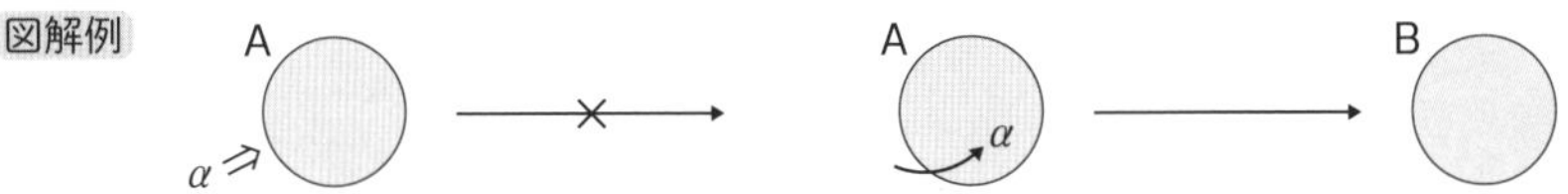

「どこへ？」と突っ込みながら，細胞内と細胞外を区別して描いてみました。

ここが大切　▶❻　**易しい問題のときから図解してメモする訓練をしておくと，複雑な問題になっても上手に素早くメモできるようになる！**

6 メモの取り方② ～時間経過のメモの仕方～

1 時間経過があるような実験のメモ

(1) メモの仕方についてもう少しみてみましょう。

今度は，**時間経過に伴う変化**を考えるような実験の場合のメモです。たとえば，次のような内容をメモするときには，どのようにメモすればよいでしょうか。

問題 犬の香音(かのん)は，いつも朝ごはんを食べてしばらくしてからウンチをします。

朝ごはんをあげた時刻とウンチを出した時刻を調べてグラフにすると，右図のようになりました(そんなものグラフにしなくても！)。

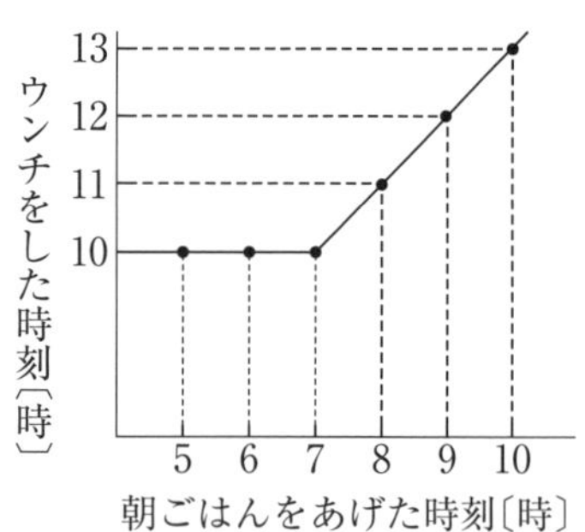

(2) 行われた実験(？)の内容はわかりましたか？

このような実験では，**横軸に時間**を取って，次のようにすると見やすくなります。

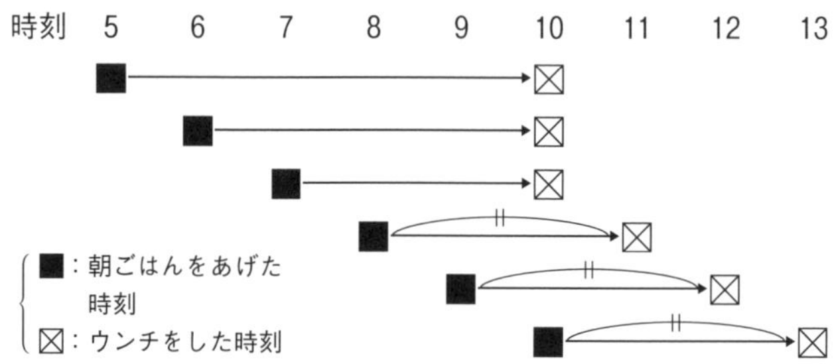

(3) 5時や6時のように朝早くでは，きっと腸もまだ動いていなくて，10時になるまでウンチは出ないようですが，8時以降にご飯を食べた場合は，食べてから3時間後にキチンとウンチを出すという傾向にあることがわかりますね。

2 メモする練習をしてみよう！

(1) 実際の実験で，メモする練習をしてみましょう。

コオロギの成虫の雄は雌に出会うと求愛行動を始め，雌がそれを受け入れると交尾が完了する。交尾を終えた雄は，しばらくは雌に求愛行動を示さないが，その後再び求愛行動を始め，交尾へと進む。

交尾を終えてから次の求愛行動を始めるまでの時間をTとし，１回目の交尾後に雌を除き，一定時間後に再び雌を入れてTを調べると，右のようなグラフになった。　　　(センター試験・改)

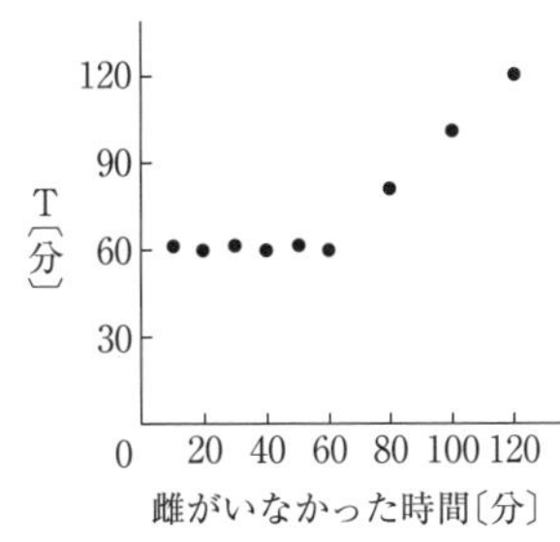

(2) 雄のみの時間，雌を入れた時間，交尾した時間がわかるようなメモを考えてみてください。

例えば，雌がいなかった(孤独な)時間が20分の場合だったら，最初の20分間は雄のみで，20分後に雌が入ってきて，でも求愛行動(☒)が始まったのは60分後なので，次のように示すことができます。

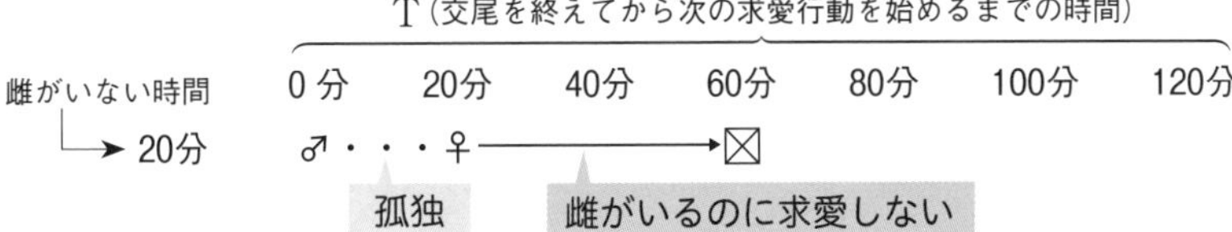

同様に，他の時間について，下に書き込んでみてください！ p. 50で答え合わせができます。

T (交尾を終えてから次の求愛行動を始めるまでの時間)

雌がいない時間	0分	20分	40分	60分	80分	100分	120分
40分	♂						
60分	♂						
80分	♂						
100分	♂						
120分	♂						

ここが大切 ▶ 7 時間的経過があれば，横軸に時間を取ってメモする。

7 メモの取り方③ ～量的な変化のメモの仕方～

1 量的な変化がある場合のメモ

(1) 今度は**量的な変化**がある場合のメモを考えてみましょう。

(問題) 夢音(ゆめと)君が朝，財布の中を見てみると500円しか入っていませんでした。そこでお母さんからお小遣いを2000円もらってバイトに出かけました。１日働いて8000円もらったので，奮発してステーキを食べに行き，友達に借りていた3000円を返しました。交通費は往復で1500円でした。家に帰って財布をのぞいてみると，財布には3500円が残っていました。さて，ステーキの値段はいくらだったでしょうか。

(2) このような量的な変化は，**帯状の図**を描くとわかりやすいです。

500	2000	増えた分	3000	1500	ステーキ代

（「増えた分」から「ステーキ代」までが8000円，「500」から「増えた分」までが3500円）

増えたのは，3500－(2000＋500)＝1000円 ですね。

また，ステーキ代は，8000－(1000＋3000＋1500)＝2500円(税込み！)だったとわかります。

(3) **光合成で生じるグルコース量**とか，**生態系の物質生産**とかでは，このような図がすご～く威力を発揮します！

2 メモする練習をしてみよう！

(1) では，実際の問題でメモする練習をしてみましょう。

人工の培養液で，均一に成長しているトマトの苗を多数選び，a～dの４群に分けて，それぞれ次のような処理をした後，平均乾燥重量の変化を調べた。

a群：早朝，葉をつけた茎(地上部と呼ぶ)と根とに切断し，十分に乾燥させてその平均乾燥重量を求めると，地上部はP，根はQであった。

b群：早朝，茎の下端で環状除皮(形成層より外側の組織を一定の幅で全周にわたり除去すること)をした後，苗の根を蒸留水に浸して十分な光を当てた。夕方，地上部と根とに切断し，a群と同様に平均乾燥重量を求めると，地上部はP1，根はQ1であった。ただし，P1は環状除皮した組織の平均乾燥重量も加えた値である。

c群：早朝，無処理の苗の根を蒸留水に浸し，b群と同じ条件で光を当て，夕方切断して平均乾燥重量を求めると，地上部はP2，根はQ2であった。

d群：早朝，茎の下端で環状除皮をし，夕方まで暗黒条件にし，夕方切断して平均乾燥重量を求めると，地上部はP3，根はQ3であった。　（センター試験・改）

---

(2) なかなか複雑ですね。前提の知識として，まずは次のことが必要です。

① 地上部に光を当てると光合成を行うこと。

② 根は光合成を行わないこと。

③ 地上部も根も呼吸を行うこと。

④ 環状除皮すると，形成層の外側にある**師部が切除される**こと。

⑤ 地上部の葉で合成された有機物の一部は，師部を通って根などに移動すること。

(3) a群で測定したのは，**実験開始前の最初の重量**(バイトに行く前の財布の中身)です。b群は環状除皮をしているので，地上部から根には有機物は移動しません。b群において，地上部が最初はPだったのが夕方にはP1になっていたので，光合成をし，呼吸もした結果，(P1－P)だけ増加していたことになります。すなわち，**(P1－P)は見かけの光合成量**を表します。

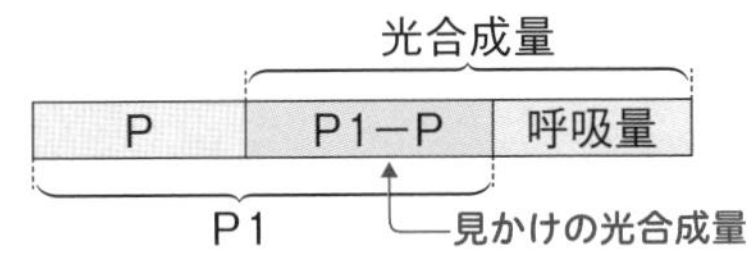

同様に，根について，またc群，d群をどのように図解してメモすればよいか，工夫してみてください。この問題はp. 52に再登場します。

ここが大切 ▶8 **量的な変化があったら，帯状の図を描く。**

8 対照実験

1 その違いは，何のせい？

(1) 一卵性双生児のＴ君とＫ君は同じ高校で，同じ生物の先生に習い，同じ問題集を使って勉強していました。Ｔ君はそれ以外にＯ文社の『思考考察問題はこう解くのじゃ！』という参考書も使って勉強しましたが，Ｋ君は使いませんでした。共通テストの生物でＴ君は100点，Ｋ君は80点でした。さて，この点数の差は，いったい何が原因でついたのでしょうか？

(2) Ｔ君とＫ君で違っているのは，『思考考察問題はこう解くのじゃ！』を使ったか使わなかったかだけなので，たぶんこれが原因だとわかりますね。

でも，Ｔ君とＫ君が同じ高校で同じ問題集を使っていても，習っている先生が違っていたら，原因は先生にあるのか，『思考考察問題はこう解くのじゃ！』にあるのか判断できなくなってしまいます。

2 実験には，「対照実験」がある

(1) 生物の実験には，必ず**対照実験**があります。どれが対照実験なのか見抜けない…という人がいますが，簡単ですよ！

今，ある反応系に，ＡとＢとＣの３つの条件を与えたところ，ある反応が起こりました。「この反応が起こった原因がＡであることを確かめる対照実験は？」と問われたら，**Ａだけを与えず，他は全く同じ条件を与えて実験するのが対照実験**になります。Ａを与えずに実験して反応が起こらなかったら，Ａが原因だったとわかります。

Ａ＋Ｂ＋Ｃ ⟶ 反応あり

　　Ｂ＋Ｃ ⟶ 反応なし ➡ Ａが原因！

(2) このとき，Ａを与えず，Ａの代わりにＤの条件を与えて反応がなかったとしても，Ａが原因だったとは判断できません。新たに加えたＤが反応を阻害したかもしれないからです。

Ａ＋Ｂ＋Ｃ　　⟶ 反応あり

　　Ｂ＋Ｃ＋Ｄ ⟶ 反応なし ➡ Ａが原因かＤが原因か判断できない！

(1)のように，**今調べようとしているもの以外はすべて同じ条件のものと比較すること**がポイントです。

3 入試問題をみてみよう！

(1) 次の問題をみてみましょう。北里大学の問題です。

遺伝子Xの発現は，遺伝子Xの近傍にある転写調節領域Y1～Y3によって調節されている。遺伝子Xの代わりに蛍光タンパク遺伝子を組み込み，蛍光タンパク質の合成の有無を調べた。さらにY1～Y3のいずれかを欠損させたものについても同様に行った。その結果，下図のようになった。

段	配置	細胞P	Q	R	S
1	Y1　Y2　Y3　遺伝子X	○	×	○	○
2	Y1　Y2　Y3　蛍光タンパク遺伝子	○	×	○	○
3	Y1　蛍光タンパク遺伝子	○	×	×	○
4	Y2　蛍光タンパク遺伝子	×	○	○	○
5	Y3　蛍光タンパク遺伝子	×	×	×	×
6	Y2　Y3　蛍光タンパク遺伝子	×	×	○	○

図　遺伝子X，蛍光タンパク遺伝子，転写調節領域の配置，およびタンパク質の合成の有無

図の1段目は，遺伝子Xとその転写調節領域Y1～Y3のDNA上の配置と，細胞P～Sでのタンパク質xの合成の有無を示す。2～6段目は，実験に使用した組換えDNAの一部と，これらをそれぞれ細胞P～Sに導入したときの，蛍光タンパク質の合成の有無を示す。
○は「合成あり」，×は「合成なし」を示す。

(2) データがたくさんあって，目がチカチカしますね。でも1度に全部みるのではなく，1つ1つ検討していきましょう。

(3) Y1の作用を調べようと思ったら，どれとどれを比較すればよいのでしょうか。「Y1の作用」というと，Y1が残っている3段目に目が行ってしまいますね。でも3段目の対照実験(Y1以外が全く同じ実験＝この場合，Y1，Y2，Y3すべてが無いもの)が見当たりません。

(4) 2段目はY1＋Y2＋Y3ですね。**Y1の作用を知りたかったら，Y1のみがないものを探します。**すると6段目はY2＋Y3なので，Y1以外は同じです。

たとえば細胞Pでは，Y1＋Y2＋Y3 → ○，Y2＋Y3 → ×　なので，**細胞PではY1は遺伝子発現を促進する**ように作用しているとわかります。

では，Y2の作用を調べたかったら…？　p.88で考えてみましょう！

ここが大切 ▶ 9 調べたいもの以外は全く同じ条件のものを探して，それと比較する！

グラフを見るときのコツ

1 グラフの縦軸と横軸を確認しよう

⑴ 見慣れないグラフが登場すると，「あわわ…」となってしまうことがよくありますね。グラフを見るときにまず1番大切なことは，**縦軸と横軸が何かを確認すること**です。「あたりまえじゃん」と思っているかもしれませんが，実際に，試験本番になると，縦軸・横軸をしっかり見ていないために間違うことがよくあるのです。

⑵ 植物の花芽形成について，長日植物，短日植物，中性植物を学習しましたね。右のグラフを描くのは何植物でしょうか？

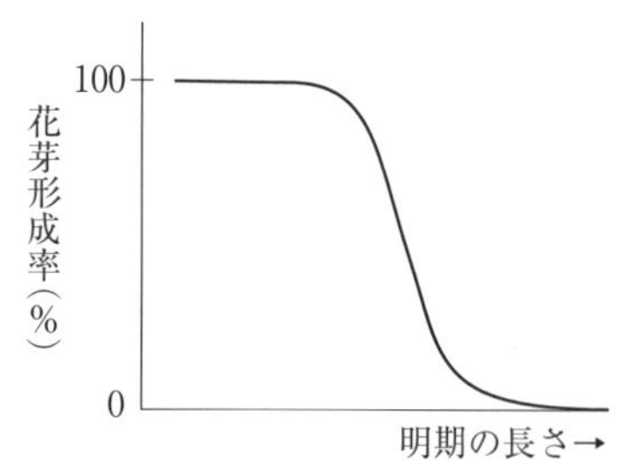

明期の長さが一定時間以下，すなわち連続暗期が一定時間以上で花芽形成率が高くなっているので，短日植物だとわかりますね(大丈夫ですか？)。

⑶ では，右のグラフａ～ｅの中で長日植物はどれでしょうか？ 今度は長日植物なので，先のグラフとは逆の形だから…，ｂかな，ａもかな？ そう思ったあなた，間違いです！

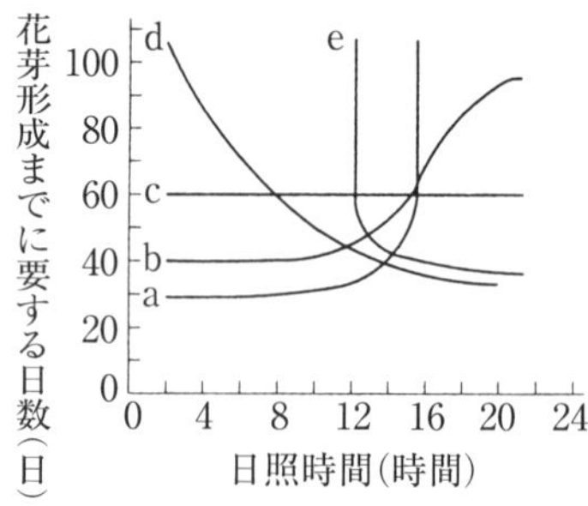

さっきは縦軸が花芽形成率，今度は縦軸が花芽形成までに要する日数です。

長日植物は，明期の長さが一定時間以上(連続暗期が一定時間以下)であれば一定の日数で花芽形成しますが，明期の長さが一定時間以下(連続暗期が一定時間以上)ではなかなか花芽形成できなくなるので，ｅやｄが長日植物，ａやｂは短日植物(ちなみにｃは中性植物)です。

⑷ もちろん，これらのグラフの横軸が暗期の長さであれば，長日植物と短日は逆になります。**必ず縦軸・横軸をチェックしましょう！**

2 1つの点に注目しよう

⑴ グラフでもう1つ大切なことは，全体の形だけでなく，「点」で考えるこ

とです。グラフというのは，実はいろいろ測定して得た「点」を結んであるだけなのです。そこで，**どこか１か所「点」を取って，その点がどのような状態なのか，どのような条件なのかを検討します。**

(2) 次の問題をみてください。同じく光周性に関するグラフです。

ある植物ＡとＢに14時間の暗期処理を行い，その処理中の異なる時間に５分間の強い光を照射し，光中断を行った。暗期処理を始めてから光中断を行うまでの時間と形成した花芽の数の関係を調べると右図のようになった。ＡとＢはそれぞれ長日植物か短日植物か答えよ。

（東京学芸大）

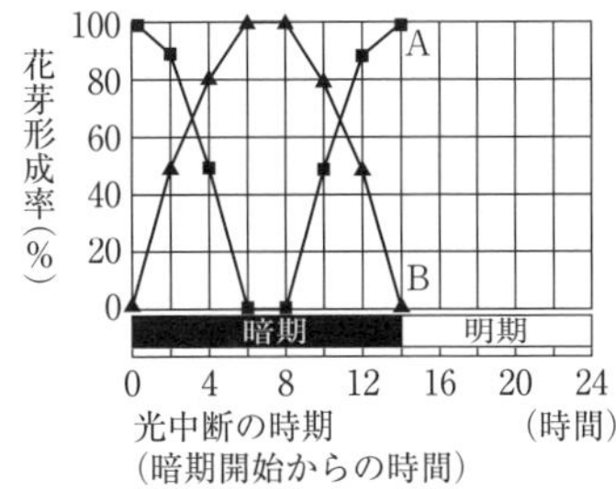

(3) どのような実験を行ったのかわかりましたか？ ややこしいなと思ったら図示しましょう。**花芽形成率が100%や０%の点に注目します。**

例えばＢ植物について，暗期処理を始めて０時間目と14時間目に光を照射したということは，右図のような実験を行ったということですね。結局，連続暗期は14時間ということです。このとき，花芽形成率は０%です。

次に，暗期処理を始めてから６時間目に光を照射した実験を図示してみましょう。

最も長い連続暗期は８時間です。このときの花芽形成率が100%です。

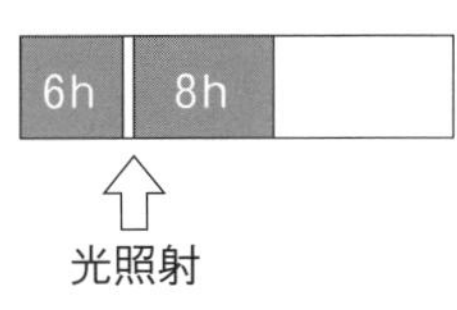

(4) 連続暗期が14時間なら花芽形成できず，８時間なら花芽形成したのですから，**Ｂ植物は長日植物**だと判断できますね。それでは，Ａ植物は何植物でしょうか。p. 66で確認しましょう。

ここが大切 ▶10 ① グラフではまず縦軸・横軸をチェック！
② ややこしい場合は「点」を取って考える。

10 け・け・けの法則

1 「け・け・けの法則」とは？

⑴ ショウヘイ君は英語は得意ですが数学が苦手，リカさんは数学は得意ですが英語が苦手でした。２人はお互いに相手の苦手な科目を教え合い，英語も数学も得意になれました。一方，太郎君は英語は得意ですが数学が苦手，花子さんも英語が得意で数学が苦手でした。２人は一緒に勉強しましたが，結局２人とも数学は苦手なままでした(泣)。

⑵ このように，一方に苦手(欠点)があっても，お互い補い合うことができれば欠点をカバーすることができますが，同じところに欠点がある場合は，お互い補い合うことができません。

逆に言うと，**どこかに欠点のある者どうしが合わさって欠点を補うことができたのであれば，それぞれ異なる場所に欠点があった**ということがわかります。そして，**欠点のある者どうしが合わさっても欠点を補い合うことができない場合は，同じ場所に欠点がある**と判断することができます。これを**「け・け・けの法則」**と呼ぶことにしましょう！

2 「け・け・けの法則」を使ってみよう！

⑴ 「こんなことが生物の問題に使えるの？」と思っているでしょうね。これが，結構使える場面があるのですよ。

⑵ 野生型では紫色の花を咲かせる植物に突然変異が生じて，白花となった変異体の系統が３種類(変異体１～３)あります。変異体１と２を交雑すると得られた次世代はすべて紫色花となりました。変異体１と３を交雑すると，得られた次世代はすべて白色花でした。変異体２と３を交雑しても得られた次世代はすべて白色花でした。さあ，変異体１～３の変異について，どのように解釈できるでしょうか。

⑶ 紫色花にならなかったのは，紫色の色素を合成する反応のどこかに欠陥が生じたからです。変異体１と２を交雑して次世代が紫色花になったのは，お互いの欠陥を補い合えたからです。すなわち，**変異体１と２では異なる場所に変異が生じていた**といえます。たとえば，野生型の遺伝子型をAABB，変異体１に生じた変異遺伝子をａ，変異体２に生じた変異遺伝子をｂとすると，変異体１の遺伝子型はaaBB，変異体２の遺伝子型はAAbbです。する

と次世代は AaBb となり，お互いの変異を補い合って紫色花になります。

(4) 一方，変異体 1 と 3 を交雑しても次世代は紫色花にならなかったので，**「け・け・けの法則」**より，**変異体 1 と 3 には同じ場所に変異が生じていた**とわかります。つまり，変異体 3 にも同じ変異遺伝子 a があるといえます。

(5) また，変異体 2 と 3 の交雑でも次世代が白花なので，**「け・け・けの法則」**より，**変異体 2 と 3 にも同じ変異遺伝子がある**といえます。変異体 2 に生じた変異遺伝子を b としたので，変異体 3 にも b があるはずです。すなわち，変異体 3 は a と b の両方の変異遺伝子をもっていたのです。変異体 3 の遺伝子型を aabb とすると，変異体 1 (aaBB) との交雑で次世代は aaBb で白花，変異体 2 (AAbb) との交雑で次世代は Aabb でやはり白花になりますね。

(6) 次の問題もみてみましょう。やはり，「け・け・けの法則」が使えます。

正常細胞では，紫外線照射で DNA が損傷してもそれを修復することができるが，修復するのに必要な遺伝子に変異が生じると DNA の損傷が修復できず，そのような細胞はアポトーシスによって除去される。正常なヒト D から採取した細胞を細胞 D，修復遺伝子に変異のあるヒト A ～ C から採取した細胞をそれぞれ細胞 A ～ C とし，さらに細胞 A と細胞 B を融合した細胞 ab，細胞 A と細胞 C を融合した細胞 ac を用意した。これらの細胞について，紫外線照射量と細胞の生存率を調べた結果の一部を示すと，上図のようになった。ただし，それぞれの患者において異常な遺伝子は，1 組の対立遺伝子に限られる。（大阪大）

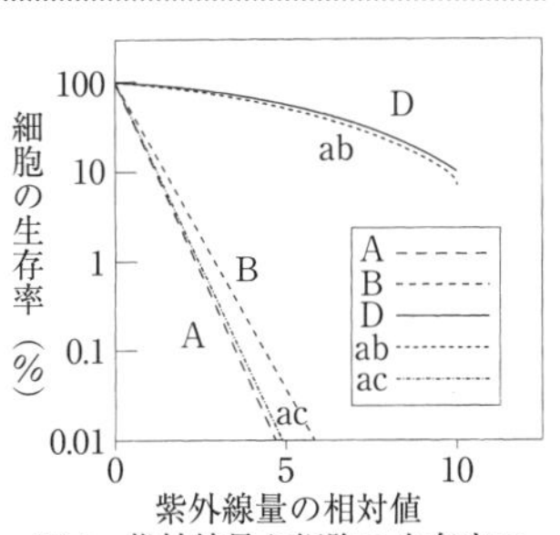

図 1 紫外線量が細胞の生存率に及ぼす影響

---

(7) 細胞 A と細胞 B を融合した細胞 ab では，正常なヒト D の細胞と同じ結果になりました。ということは…？ そうです，**細胞 A と細胞 B の変異は，違う変異**だと考えられますね。一方，細胞 A と細胞 C を融合した細胞 ac では，DNA が正常に修復できません。ということは？ そう，「け・け・けの法則」から，**細胞 A と細胞 C は同じ変異をもっている**と考えられますね。この問題は p. 60に再登場します。

ここが大切 ▶ **11 「け・け・けの法則」**

➜ 欠陥のあるものと欠陥のあるものを合わせて欠陥が補い合えなければ，「同じ場所に欠陥がある」と考える。

STAGE 11 思考考察のための15のコツ

ツメダメの法則

1 「ツメダメの法則」とは？

(1) **STAGE 10** では，「け・け・けの法則」という謎の法則が登場しました。今回は**ツメダメの法則**です。

(2) バケツリレーって知っていますか？　火を消すのに，バケツの水が必要だけれど，１人１人が火のところまでバケツを持って行くと重くて大変なので，順番に並んでバケツを隣の人に渡していくのです。

(3) 太郎君，次郎君，三郎君，四郎君が並んでバケツリレーをして，消火活動していたとします。皆が同じスピードでバケツを渡していけば，スムーズにバケツが運ばれて無事消火できます。でも誰かがさぼっていたら，バケツがたまってしまい，消火活動がうまく行えません。

(4) この時，もし次郎君がさぼっていたとすると，次郎君のところでバケツがたまってしまいます。このままではうまく消火活動できません。ではどうしたらいいでしょうか？　太郎君が，さぼっている次朗君の後ろの三郎君，あるいは四郎君に直接バケツを持って行ってあげるのです。するとスムーズにバケツがリレーされます。

(5) さぼっている人が三郎君なら，次郎君が四郎君にバケツを渡せばOKです

ね。でも，最後の四郎君がさぼっていたら，三郎君までバケツが運ばれてもダメですね。直接火のところまでバケツを持って行かなければ，消火できません。

(6) このように，順に反応が進んでいくとき，スムーズに進行しない反応が1つでもあると最終段階まで進行しませんが，**スムーズに進行しない反応がより最終段階に近い（ツメの反応）ほど，最終段階に達しない（ダメになる）可能性が高い**といえます。これを**ツメダメの法則**と名付けます。

生命現象でも，何段階もの反応がつながっていることはよくあるので，この法則もいろいろな場面で使えます。

2 入試問題をみてみよう！

(1) 次の問題をみてみましょう。北海道大学の問題です。

アカパンカビの野生型は最少培地でも次のような反応によって生育に必要なアルギニンを生成し，生育することができるが，アルギニン要求性の変異株は，最少培地にアルギニンあるいはオルニチンやシトルリンを添加しないと生育できない。

糖 ──→（酵素A）オルニチン ──→（酵素B）シトルリン ──→（酵素C）アルギニン

アルギニン要求株のⅠ～Ⅲ株型を，最少培地に最小限のアルギニンを添加した培地で図1のように培養すると，図2のように黒く塗った部分で生育が盛んになった。これは隣接している株に蓄積した物質が拡散し，それを用いて生育したからである。Ⅰ～Ⅲ株はそれぞれ酵素A～Cのいずれに欠陥がある株か答えよ。ただし，Ⅰ～Ⅲ株で欠陥があるのはそれぞれ1か所のみである。

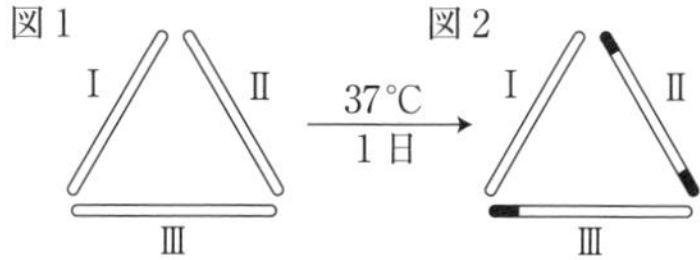

(2) 隣接している株からどの物質をもらっても生育できなかった＝1番ダメなものはどれでしょうか？　それが1番ツメの反応に欠陥がある株です！　そう，Ⅰ株ですね。**Ⅰ株は，酵素Cに欠陥がある**とわかります。Ⅱ株とⅢ株については，p. 68で考えましょう。

ここが大切 ⑫ **「ツメダメの法則」**

➜ 一連の反応がある場合，ツメの反応がダメなものほどゴールにたどり着けない可能性が高い。

12 鍵なしびっくり箱の法則

1 「鍵なしびっくり箱の法則」とは？

(1) ふつうのびっくり箱にはちゃんと鍵が付いていて，鍵を開けると仕掛けが飛び出します。

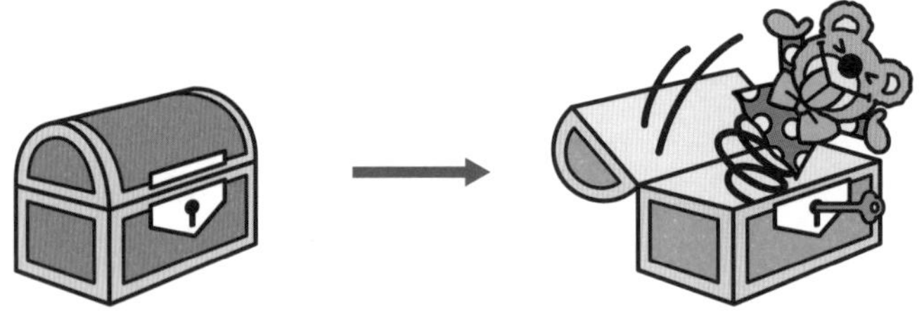

(2) でも，もしも鍵のないびっくり箱があったとすると，ふだんから仕掛けが飛び出さないように手で押さえておかなければいけません。そして手を離すと勝手に仕掛けが飛び出してしまいます。

(3) このように鍵がないびっくり箱では，ふだんは手で押さえておくという抑制があり，その**抑制がなくなると勝手に反応が起こる**のです。逆に言うと，**何らかの刺激がある時には反応しないのに，その刺激がなくなると反応が起こった場合，その刺激は抑制だった**と判断できます。これを「**鍵なしびっくり箱の法則**」と呼びましょう。生命現象でも，通常は抑制されていて，その抑制が解除されると反応が始まる，という現象はたくさんみられます。

2 入試問題をみてみよう！

(1) 次の問題を考えてみましょう。大阪大学の問題です。

骨からの Ca^{2+} の放出や骨への Ca^{2+} の吸収により，血液中の Ca^{2+} 濃度はほぼ一定に保たれている。この調節に関与している可能性があるホルモンＡおよび破骨細胞，骨芽細胞を用いて次のような実験を行った。

イヌから取り出した骨(破骨細胞や骨芽細胞を含まない)を培養液中に置き，細胞を加えない(イ)，破骨細胞を加える(ロ)，骨芽細胞を加える(ハ)という3種類の培養条件で，さらにホルモンAを与えない場合と与えた場合において，培養液中のCa^{2+}濃度を測定した。その結果が下図である。

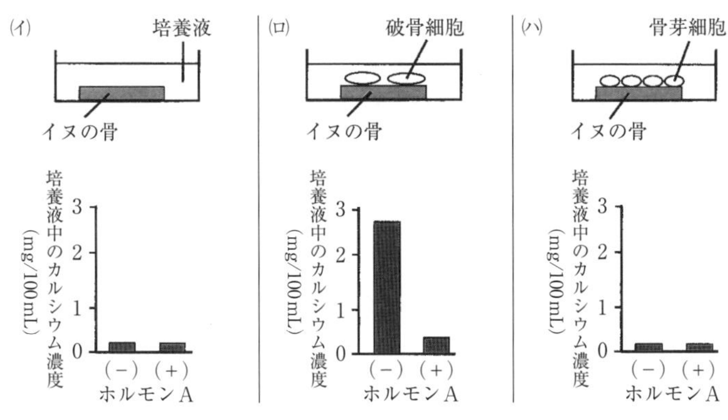

(2) この中で**「鍵なしびっくり箱の法則」**が当てはまるのはどこでしょうか。

まず，**「どこで？」**を確認しましょう。測定しているのは**培養液中**のCa^{2+}濃度なので，骨からCa^{2+}が放出されれば培養液中のCa^{2+}は増加し，放出されなければ培養液中のCa^{2+}は増加しないはずです。(イ)のように骨だけしかない場合はホルモンAの有無にかかわらず培養液中のCa^{2+}は増加しません。すなわち，Ca^{2+}は骨から放出されていません。

(3) (イ)と(ハ)で異なるのは骨芽細胞が有るか無いかだけです。でも結果は全く変わりません。どうやら骨芽細胞は犯人ではないようです。

(4) (ロ)で破骨細胞があると，ホルモンAなしのときは培養液中のCa^{2+}濃度が増加しています。すなわち骨からCa^{2+}が放出されるようになったのです。ところが，ホルモンAがあるとCa^{2+}濃度が増加していません。ということは，**ホルモンAが，破骨細胞による骨からのCa^{2+}を抑制していた**のですね。

この問題はp. 72に再登場します。

ここが大切 ▶⑬ **「鍵なしびっくり箱の法則」**

➜ Xがあると反応が行われないのに，Xがなくなると勝手に反応した ⇨「Xが反応を抑制していた」と考える。

13 小遣い残存の法則

1 「小遣い残存の法則」とは？

(1) 毎月毎月，お父さんは娘の琴音(ことね)ちゃんに，決まった額のお小遣いをあげていました。琴音ちゃんは，そのお金でおやつを買っていました。

ところが，ある月，お父さんは琴音ちゃんにお小遣いをあげるのを忘れてしまいました。それなのに，琴音ちゃんはその月もおやつを買うことができました。なぜでしょうか？

(2) お父さんに内緒でアルバイトをしていたから？ 別のパパからお小遣いをもらっていたから？ などといろいろ空想することはできますが，そんな風に悪く考えてはいけません。正解は…,「今までもらっていたお小遣いが残っていたから」です。

(3) お金が必要なはずなのに，新たにお金をあげなくても買い物ができた，というときは，「今までのお小遣いが残っていたんだ」と素直に考えてあげてください。これを**「小遣い残存の法則」**と名付けます。

(4) 同様に，「何かの反応にAがつくられることが必要で，でもAの合成を阻害したのにちゃんと反応が行えた」という場合は，どのように考えたらいいでしょうか？ この場合は，**「阻害する前に，すでにAがつくられていた」**と考えればいいですね。これも「小遣い残存の法則」です。

2 入試問題をみてみよう！

(1) では，実際の入試問題をみてみましょう。東海大学の問題です。

ウニを用いて次のような実験を行った。以下の問いに答えよ。

実験1：ウニの未受精卵をアクチノマイシンDで処理した後受精させ，アクチノマイシンDの存在下で発生させた。このように処理された胚(アクチノマイシンD処理胚)では，原腸形成が起こらず，胞胚で発生が停止した。なお，アクチノマイシンDは転写の阻害剤である。

実験2：同様の実験を，シクロヘキシミドを用いて行った。この場合は，受精卵は卵割せず，全く発生しなかった。なお，シクロヘキシミドは翻訳の阻害剤である。

実験3：同様の実験を，RNA分解酵素を用いて行った。この場合も，受精卵は卵割せず，全く発生しなかった。

実験4：正常胚とアクチノマイシンD処理胚において，受精後の途中の段階で短時間放射性同位体を含むアミノ酸を与えて取り込ませ，タンパク質合成速度(一定量のタンパク質当たりの放射性同位体の量)を求めてグラフにした(右図)。なお，どちらの胚も受精後10時間ではすでに胞胚に達しており，正常胚では10時間以降に原腸形成が起こった。

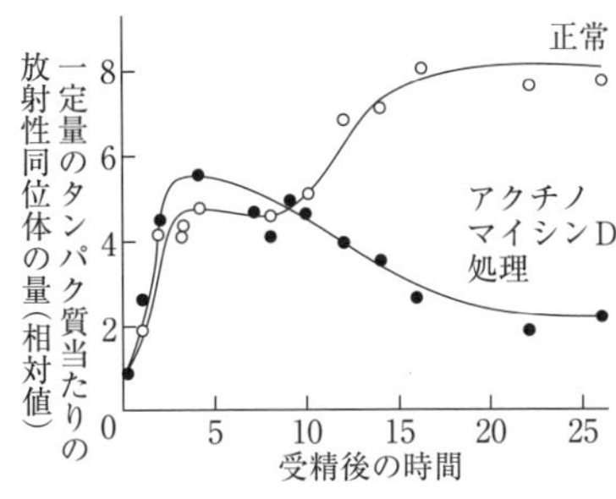

問　これらの実験から適当と判断できるものを，次のア～オからすべて選べ。

ア．卵割には新たなタンパク質合成は必要ない。

イ．卵割にはmRNAは必要ない。

ウ．卵割には受精後の新たな転写は必要ない。

エ．原腸形成には新たなタンパク質合成は必要ない。

オ．原腸形成には新たな転写は必要ない。

---

(2)　たくさん実験が登場してくると，難しく感じますね。でも1つ1つみていけば大丈夫です。

(3)　実験2でシクロヘキシミドを与えて翻訳(mRNAからのタンパク質合成)を阻害すると，卵割が起こらなかったので，**卵割にはタンパク質合成が必要**であることがわかります。よって，アは×。

(4)　実験3でRNA分解酵素を与えてRNAが無い状態にすると，卵割が起こらなくなったので，**卵割にはRNAが必要**だとわかります。よって，イは×。

(5)　ところが，アクチノマイシンDを与えて転写(DNAからのmRNA合成)を阻害しても，ちゃんと卵割が行われています(ウは○)。**RNAが必要なはずなのに，RNA合成を止めても卵割が行われた**，ということは…，ここで**「小遣い残存の法則」**の出番です！　**卵割には，未受精卵にあらかじめ蓄えられていたmRNAが使われていた**，と推測できますね。

この問題の答えは，p. 63で確認しましょう。

ここが大切　⑭「小遣い残存の法則」

➜ Xが必要なはずなのに，Xを与えなくても反応が起こった

⇨「すでにつくったXが残っていた」と考える。

14 作用反作用の法則

1 「作用反作用の法則」とは？

(1) 中学校の理科の物理分野で「作用・反作用」なんて習いましたね。壁を押す(作用)と，壁が手を押し返す(反作用)のでした。でも，ここで学ぶ「作用反作用の法則」は，物理が苦手でも大丈夫ですよ。

(2) チコちゃんの授業を受けていた岡村君は成績がアップしませんでした。でも，大森先生の授業を受けていたキョエ君は成績がグ～ンとアップしました。岡村君の成績が伸びなかった原因は何でしょうか？

(3) 可能性は3つあります。

可能性①　チコちゃんの教え方が悪かった。

可能性②　岡村君が授業中ボ～っとしていた。

可能性③　チコちゃんの教え方も岡村君の授業態度も両方悪かった。

この3つのうち，どの可能性が正しいのかは，どのような実験で確かめることができるでしょうか？　皆さんは発生分野で「シュペーマンの実験」を習っていますね。交換移植実験です。それを応用しましょう！

(4) もともと大森先生のクラスのキョエ君は成績がアップしたのですから，大森先生の授業もキョエ君の授業態度も良好であることは確かです。そこで，キョエ君と岡村君を入れ換え，チコちゃんの授業をキョエ君が受け，大森先生の授業を岡村君が受けてみました。その結果，チコちゃんに教わったキョエ君は成績がアップしましたが，大森先生の授業を受けた岡村君はやっぱり成績が伸びませんでした。

(5) ということは，良い授業をしているはずの大森先生のクラスでも岡村君の成績が伸びなかったので，岡村君の態度が悪かったことがわかります。さらに，チコちゃんのクラスに来たキョエ君の授業態度はもともと良いとわかっているので，チコちゃんの授業も良い授業だったことがわかります。よって**可能性②**が正解だったのですね！　「ボーっと生きてんじゃねーよ！」

(6) このように，作用する側(授業する側)と作用を受ける側(授業を受ける側)があり，**作用する方が正常なのに正常な反応が起こらない場合は，作用を受ける側に原因がある**，と判断できるのです。これを**「作用反作用の法則」**と呼ぶことにしましょう！

2 入試問題をみてみよう！

(1) では，次の問題を考えてみましょう。

ニワトリの体の大部分は羽毛で覆われているが，肢の表面は鱗で覆われている。皮膚は表皮と真皮からなり，羽毛や鱗は表皮が変形して生じたものである。胚の背中には羽毛が，肢には鱗ができる。このしくみを調べるため，いろいろな時期の胚を用いて皮膚を表皮と真皮に分離し，下図のような組合せで培養した結果，下表のようになった。

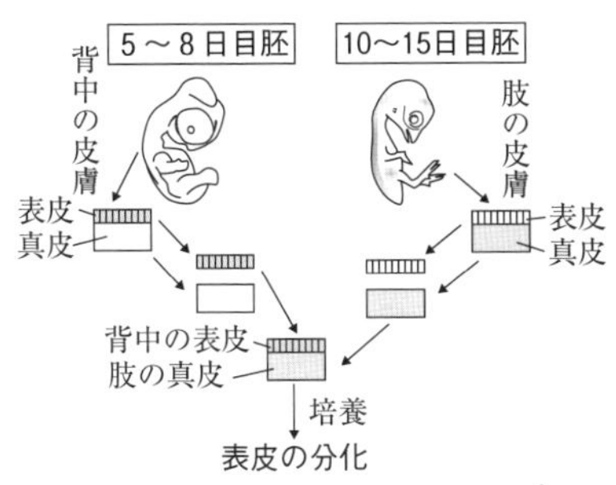

肢の真皮	背中の表皮	
	5日目胚	8日目胚
10日目胚	羽毛	羽毛
13日目胚	鱗	羽毛
15日目胚	鱗	羽毛

（センター試験）

(2) 羽毛を形成するか鱗を形成するかを決定する，すなわち作用する側は，表皮でしょうか，それとも真皮でしょうか。5日目胚の背中の表皮と13・15日目胚の肢の真皮とを組合せると羽毛になれませんでした。これは，肢の真皮が「俺の近くの表皮は羽毛ではなく鱗になれ！」と命令しているからだと考えられます。よって，**この場合の作用する側は「真皮」**です。

(3) ところが，5日目胚の背中の表皮と10日目胚の肢の真皮を使った場合ではその作用が発揮されず，背中の表皮を鱗にすることができませんでした。5日目胚の背中の表皮は13・15日目胚の肢の真皮と組合せると鱗になるのですから，**作用する側（10日目胚の肢の真皮）に原因がある**と考えられますね。

一方，8日目胚の背中の表皮では，どの組合せでも鱗が生じません。これは，**8日目胚の背中の表皮では，もう真皮からの作用を受けつけなくなっている**から，と考えられますね。

この問題は，p. 48に再登場します。

ここが大切 ▶15 **「作用反作用の法則」**

➜ 作用する側と作用を受ける側，立場を変えて考察する。

STAGE 15 思考考察のための15のコツ

無関係無反応の法則

1 「無関係無反応の法則」とは？

(1) カエルツボカビ症は，カエルにツボカビというカビの一種が感染する致死的な感染症です(本当)。

あるとき，この感染症が蔓延して多くのカエルが死んでしまいました。ところが，大森さん家で飼われているぴょん吉君は全く平気でした。なぜでしょうか？

(2) この感染症に対する予防接種をしていたから？ この感染症に対する特効薬を持っていたから？ カビが侵入できないような容器の中で飼っていたから？ 特別にタフだったから？

…いろいろ空想はできますが，正解は，ぴょん吉君はカエルではなく猫だったからです！

(3) 「インチキ！」という声が聞こえてきそうですね。

何が言いたかったかというと，**何かが起こっても，それとはもともと無関係なものに対しては影響がないということです**。これを「無関係無反応の法則」と呼ぶことにしましょう。

(4) 例えば，次のような問題があったとします。

問題 ある昆虫の個体において，形質Aの発現を支配する遺伝子Aが変異したが，細胞Bでは何も変異形質は現れなかった。理由を推測せよ。

(5) どの遺伝子がどの細胞で発現するかは決まっています。もともと遺伝子Aが発現している細胞であれば，遺伝子Aが変異すれば何か変異形質が現れると考えられます。でも，遺伝子Aが変異しても何も影響がなかったということは，「もともと細胞Bでは遺伝子Aが発現していなかった」と考えればよいのです。

2 入試問題をみてみよう！

(1) 次の問題を解いてみましょう。関西学院大学の問題です。

図1は，センチュウにおける細胞分裂のようすとそれぞれの子孫細胞から最終的に形成される組織や器官を示したものである。図1にあるように，咽頭筋はAB細胞からもP_1細胞からも生じるが，咽頭筋の分化のしくみを調べるために次の実験を行った。

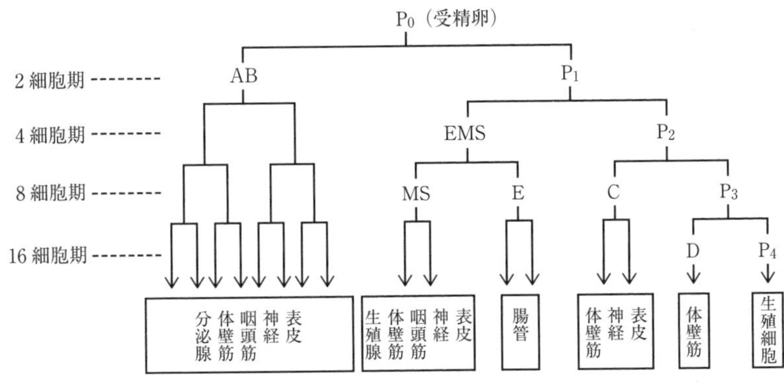

図1　センチュウ胚での細胞分裂のしかたと形成される組織や器官

実験1：遺伝子Xを欠損した突然変異体では，AB細胞由来の咽頭筋が形成されなかったが，P_1細胞由来の咽頭筋は形成された。

実験2：2細胞期の正常胚からAB細胞のみを除去しても細胞分裂は進行し，P_1細胞から咽頭筋が形成された。逆にP_1細胞のみを除去すると，細胞分裂は進行したが咽頭筋に分化するものは現れなかった。

実験3：遺伝子X欠損変異体において，遺伝子XのmRNAを2細胞期のAB細胞に注入すると，AB細胞から咽頭筋に分化するものが現れた。しかしP_1細胞に注入してもAB細胞から咽頭筋に分化するものは現れなかった。

問1　正常胚において遺伝子Xが発現していると考えられるのは，AB細胞，P_1細胞，AB細胞とP_1細胞の両方，のいずれと考えられるか。

問2　遺伝子Xはどのような働きがあると考えられるか。

---

(2)　遺伝子Xが欠損しているとAB細胞由来の咽頭筋が生じなかったので，正常胚では，**AB細胞で遺伝子Xが発現している**はずです。遺伝子Xが欠損してもP_1細胞由来の咽頭筋は生じたのですから，**「無関係無反応の法則」**より，**P_1細胞では遺伝子Xはもともと発現しない遺伝子**だと判断できます。

遺伝子Xの働きは，後ほどp. 70で確かめましょう！

ここが大切 ▶16 **「無関係無反応の法則」**

➜ 変異しても影響がなければ，もともとそれは無関係だったと判断できる。

第２編

思考力を養う重要例題

ベスト20

重要例題 1　クロロフィルの分解

オオカナダモの葉の細胞には，核が１つと多数の葉緑体が含まれている。この葉を濃い塩化カルシウム溶液に入れると，すべての細胞で原形質分離(細胞質分離)がみられた。このとき，多くの細胞では図１のような原形質分離がみられたが，中には図２のように２つの塊に分かれた原形質分離を起こしている細胞もあった。葉をそのまま数日間放置しておくと，どちらのタイプの細胞でも，核を含む塊の中の葉緑体のクロロフィルが分解されて黄色くなっていたが，核を含まない塊の中の葉緑体は緑色のままであった。

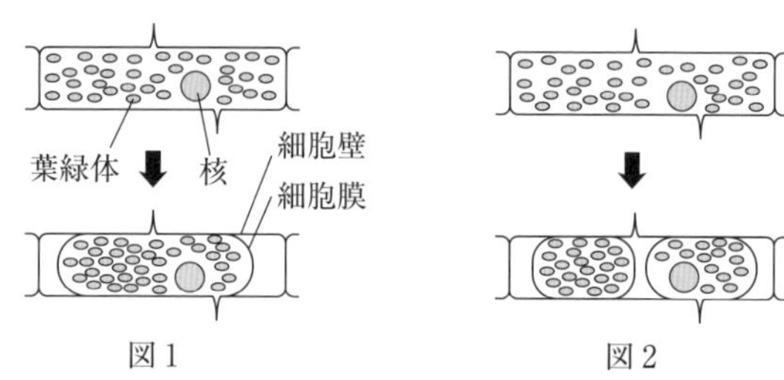

図１　　図２

この実験で，クロロフィルが分解された理由として最も適当なものを，次から１つ選べ。

① 葉緑体中にわずかに含まれていたクロロフィル分解酵素と塩化カルシウムが結合し，この分解酵素の活性が高まったから。

② 葉緑体内外の濃度差により葉緑体の膜が壊れ，細胞質基質に含まれていたクロロフィル分解酵素が葉緑体内部に流入したため。

③ 核内の遺伝子の働きに影響が現れ，クロロフィルの分解を促進する遺伝子が新たに働くようになったため。

④ 核内の遺伝子の働きがなくなり，クロロフィルの分解を抑制する遺伝子が働かなくなったから。

(センター試験)

ここをチェック！

チェック❶ 空想せずに，問題文の中のヒントだけから考えたか？

チェック❷ １つだけ異なるものと比べたか？

問題文はこう読む！

(1) 塩化カルシウム・原形質分離などの，**いろいろな物質名や用語に惑わされずに読んでいきましょう。**

また，「２つの塊に分かれる場合と分かれない場合があるのはなぜだろう？」などと，**設問に関係のないことで悩まないようにしましょう。**

⑵ 問われているのは，「クロロフィルが分解された理由」です。もしも選択肢がなかったら，いろいろなことを空想してしまいそうですね。でも，選択肢があるのですから**選択肢が容疑者**です。この中に犯人はいます。

⑶ 図1の塊をA，図2の核がない方の塊をB，核がある方の塊をCとしましょう。

クロロフィルが分解されたのはAとCで，共通しているのはいずれも**核があること**ということです。B，すなわち核がない塊では，クロロフィルが分解されていません。次のようにメモできます。

核＋葉緑体 ———→ クロロフィル分解あり

葉緑体 ———→ クロロフィル分解なし

⑷ よって，**クロロフィル分解の犯人は，核**だとわかります。

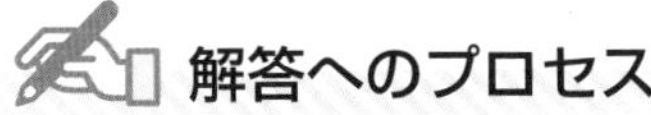

解答へのプロセス

⑴ 選択肢①と②は葉緑体が犯人，③と④は核が犯人だといっています。選択肢の①と②はすぐに消去できます。

⑵ 選択肢③と④の違いは，「クロロフィルの分解が促進された」のか，「分解を抑制する働きがなくなった」のかです。

⑶ 「もしも」と仮定してみましょう。

もしも，核がクロロフィル分解を抑制する働きをもっているのであれば，核がない場合(B)はクロロフィル分解が抑制されないので，クロロフィルは分解されてしまうはずです。でも，実際にはBではクロロフィルが分解されなかったので，④は誤りだとわかります。

答 ③

重要例題 2　アヒルの鳴管の発達

アヒルの受精卵は37℃で保温(ふ卵)すると，約28日後にふ化する。アヒルの雄の胚では，ふ化後期に左側にある鳴管という発声器官が発達するが(図1のア)，雌の胚ではこれが発達しない(図ウ)。そこで，このようなふ卵中のアヒルの鳴管の分化に，精巣や卵巣から分泌されるホルモンがどのように関係しているかを調べるために次のような実験を行った。

アヒルのふ卵3～5日目に，特定の部位にX線を照射すると，雄の胚では精巣，雌の胚では卵巣が完全に退化して機能を失い，ホルモンの分泌もみられなくなった。この雄の胚と雌の胚の鳴管の発達をみたところ，図1のイとエに示したような結果を得た。なお，この実験では性の決定に関与する染色体には変化はみられなかった。

ア　X線を照射しない雄

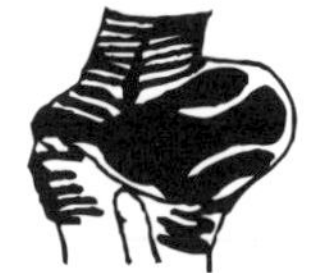
イ　X線を照射した雄

ウ　X線を照射しない雌

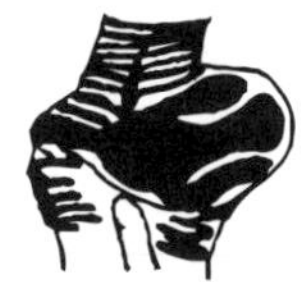
エ　X線を照射した雌

図1　ふ卵後期の胚の鳴管

これらの実験結果からの推論として適当なものを，次からすべて選べ。

① X線照射により性染色体に変異が生じ，鳴管の発達が異常になる。
② 雄の鳴管の発達は，精巣から分泌されるホルモンの支配を受ける。
③ 雌の鳴管が発達しないのは，卵巣から分泌されるホルモンの支配を受けているからである。
④ 精巣から分泌されるホルモンの影響を受けない場合は，鳴管は発達しない。

（センター試験）

ここをチェック！

チェック❶ 実験の目的をきちんと確認したか？

チェック❷ X線照射によって何が起こるかを，きちんと読んだか？

チェック❸「鍵なしびっくり箱の法則」に気付いたか？

チェック❹ ヒントの合図「なお，」・「また，」・「ただし，」はチェックしたか？

問題文はこう読む！

(1) 実験の目的が問題文の3～4行目に書いてありました。

「鳴管の分化に，精巣や卵巣から分泌されるホルモンがどのように関係しているか」を調べるためですね。

(2) X線照射によってどのようなことが起こるのかは，問題文の6～8行目に書いてあります。

「X線を照射すると，雄の胚では精巣，雌の胚では卵巣が完全に退化して機能を失い，ホルモンの分泌もみられなくなった」のですね。

(3) X線照射＝突然変異というイメージがありますが，**「なお，この実験では性の決定に関与する染色体には変化はみられなかった」**と書いてくれているので，**この実験では染色体の異常などは考えなくてよい**とわかります。

解答へのプロセス

(1) 選択肢を順に検討しましょう。

① 「なお，」のヒントに，性染色体には変異が生じないとあるので，誤りとわかります。

② 雄にX線を照射すると精巣が退化し，精巣からのホルモン分泌がみられなくなります。でも図イを見てわかるように，ちゃんと鳴管は発達しています。よって誤りとわかります。

③ 雌にX線を照射すると卵巣が退化し，卵巣からのホルモン分泌がみられなくなります。その結果，図エのように，本来であれば退化するはずの鳴管が発達してしまっています。**「鍵なしびっくり箱の法則」**ですね！ **卵巣からのホルモンが鳴管の発達を抑制している**のだとわかります。よって③は正しい内容です。

④ 精巣からのホルモン分泌がみられない図イで鳴管が発達しているので，④も誤りとわかります。

(2) つまり，卵巣からのホルモンがないと鳴管は勝手に発達し，卵巣のホルモンがあるときのみ鳴管は退化するのです。

答 ③

重要例題 3 ハツカネズミの攻撃行動

ハツカネズミの雄が行う攻撃行動を調べるために，次の実験を行った。

1匹の正常雄を入れた容器に，正常雄の尿，去勢(生殖腺除去)した雄の尿，正常雌の尿または水を塗った1匹の去勢雄を容器に入れ，正常雄がこれを攻撃する回数を調べて右表の結果を得た。この実験結果からの推論として適当なものを，次からすべて選べ。

塗った液体	正常雄が示した攻撃回数(平均)
正常雄の尿	11.5
去勢雄の尿	7.0
正常雌の尿	3.3
水	6.5

① 正常雄の尿にも正常雌の尿にも，攻撃を誘引する物質が含まれている。

② 正常雄の尿には攻撃を誘引する物質が，正常雌の尿には攻撃を抑制する物質が含まれている。

③ 正常雄の尿にも去勢雄の尿にも，攻撃を誘引する物質が含まれている。

④ 正常雄の尿には攻撃を誘引する物質が，去勢雄の尿には攻撃を抑制する物質が含まれている。

⑤ 正常雄は正常雌には攻撃しない。 （センター試験）

ここをチェック！

チェック❶ どれが対照実験なのか，見抜けたか？

問題文はこう読む！

(1) どのような実験を行ったのか，わかりましたか？

いろいろな尿や水を塗られた去勢雄に対して，正常な雄が攻撃したかどうかを調べています。

(2) 表を見ると，**正常な雄の尿を塗られた去勢雄が一番たくさん攻撃されている**のがわかります。でもこの実験だけでは，去勢雄そのものに対しても攻撃するのか，正常な雄の尿に対して攻撃をしているのかは，わかりません。

(3) やはり**対照実験**が必要です。では何も塗っていないものが対照実験かというとそうではありません。尿といってもいろいろな物質が溶けている水なので，**水だけを塗った去勢雄が対照実験**になります。

雄は，**雄の尿に含まれる何らかの物質を認識して攻撃をしている**のだとわかりますね。

解答へのプロセス

⑴　選択肢を順に検討しましょう。まず①と②です。

正常雄の尿を塗られた個体は，水を塗られた個体より明らかに攻撃される回数が増えているので，**正常雄の尿には攻撃を誘引する物質が含まれている**ことがわかります。では，雌の尿はどうでしょうか。

雌の尿が塗られていても攻撃はされています。でも水のみの場合と比べると，攻撃回数は少ないですね。雌の尿には攻撃を誘引する物質ではなく，逆に**攻撃を抑制する物質が含まれている**ので，水の場合よりも攻撃回数が少なくなっているのだとわかります。

つまり，**①は誤り**，**②は正しい**です。

⑵　次に選択肢③と④について考えます。

去勢雄の尿が塗られた個体に対しては攻撃回数が7.0回で，正常雄の尿に比べると少ないですね。**でも，比べるのは正常雄の尿とではなく水とです。**

水を塗られた個体に対しての攻撃回数は6.5回なので，7.0回とあまり変わりません。ということは去勢雄の尿には，攻撃を誘引する物質も攻撃を抑制する物質も含まれていないと考えられます。

つまり，**③も④も誤り**です。

⑶　最後に選択肢⑤です。

正常雌の尿には，攻撃を抑制する物質が含まれているとわかりました。確かに水しか塗られていない個体よりも攻撃される回数は少ないですね。でも，**攻撃回数が0というわけではありません。**正常雄も正常雌に対して少しは攻撃しています。**「攻撃が抑制される」というのと「攻撃されない」というのは同じではありません。**

よって，**⑤は誤り**です。

答　②

重要例題 4 ニワトリの羽毛と鱗の発生

ニワトリの体の大部分は羽毛で覆われているが，肢の表面は鱗で覆われている。皮膚は表皮と真皮からなり，羽毛や鱗は表皮が変形して生じたものである。胚の背中には羽毛が，肢には鱗ができる。このしくみを調べるため，いろいろな時期の胚を用いて皮膚を表皮と真皮に分離し，下図のような組合せで培養した結果，下表のようになった。

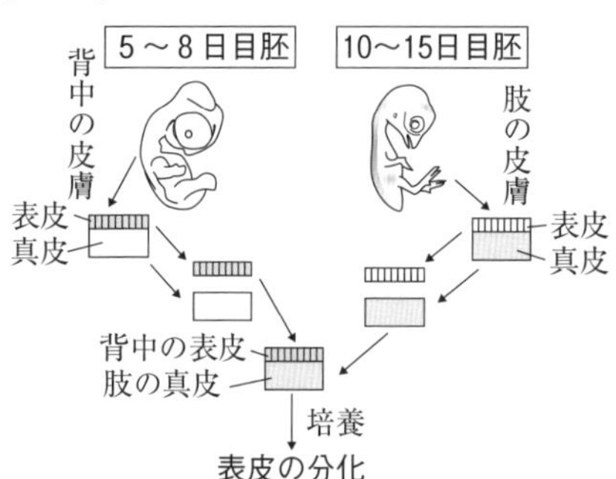

肢の真皮	背中の表皮	
	5日目胚	8日目胚
10日目胚	羽毛	羽毛
13日目胚	鱗	羽毛
15日目胚	鱗	羽毛

この実験と結果に関する記述として，最も適当なものを次から1つ選べ。

① 5日目胚の表皮は，まだ分化の方向が決定されていないので，真皮の誘導に反応することができた。

② 8日目胚の表皮は，すでに分化の方向が決定しているが，真皮からの誘導があると分化の方向を変更する。

③ 真皮の誘導能力は10日目から15日目の間に低下する。

④ 真皮からの誘導に対する表皮の反応性は，5日目に比べて8日目の方が高い。

（センター試験）

ここをチェック！

チェック❶「作用反作用の法則」がテーマであることを見抜けたか？

問題文はこう読む！

(1) まず，正常発生では何が分化するのかをメモします。

背中　表皮 ———→ 羽毛

肢　　表皮 ———→ 鱗

いずれにしても，問題文の2行目にあるように，「羽毛や鱗は表皮が変形して生じたものである」ことに注意しましょう。

(2) 背中の表皮は本来羽毛になるはずなのに，13日目胚や15日目胚の肢の真皮があると羽毛ではなく鱗になっています。これは**肢の真皮が「鱗になれ！」と誘導したから**です。

このように，**真皮が表皮に対して働きかけて，表皮を羽毛にするか鱗にするかを決定している**と考えられます。次のようにメモしましょう。

(3) ところが10日目胚の肢の真皮を使った場合はその作用が発揮されず，鱗にならせることができませんでした。ということは，**肢の真皮は最初から誘導する能力をもっているのではなく，10日目胚ではまだ誘導能力を獲得していなかった**と考えることができます。13日目胚の肢の真皮には誘導する能力が備わっているので，表皮を鱗に分化させることができたのです。

(4) また，「誘導能力をもっている13日目胚や15日目胚の肢の真皮」と「8日目胚の背中の表皮」の組合せでも鱗が生じていません。この原因は何でしょうか？

そう，**「作用反作用の法則」**ですね。**誘導する側に誘導能力があるのに誘導されなかった**のですから，**誘導を受ける側，この場合は表皮の方に原因がある**とわかります。つまり，5日目胚の表皮は誘導された(＝誘導に反応する能力があった)のに，8日目胚では誘導されなかった(＝誘導に反応できなかった)のです。

解答へのプロセス

(1) 8日目胚の表皮は，もう誘導に反応することができなかったのですから②**は誤り**です。

(2) 真皮は10日目にはまだ誘導能力がなく，13日目には誘導能力があるので③**も誤り**です。

(3) 表皮は5日目胚では誘導に反応できたのに，8日目胚では反応できなかったので④**も誤り**です。

答 ①

重要例題 5　コオロギの求愛活動

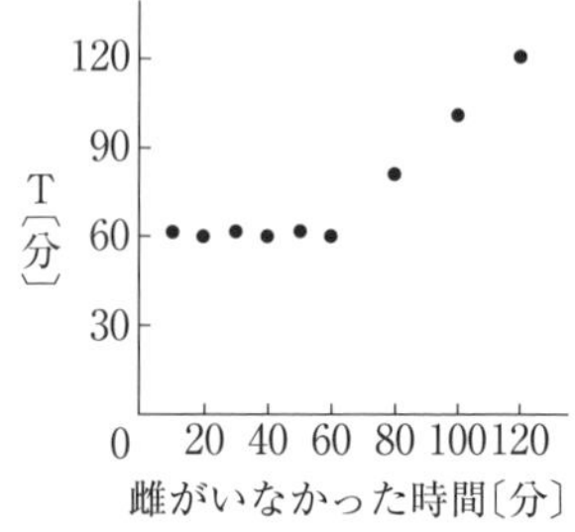

コオロギの成虫の雄は雌に出会うと求愛行動を始め，雌がそれを受け入れると交尾が完了する。交尾を終えた雄は，しばらくは雌に求愛を示さないが，その後再び求愛行動を始め，交尾へと進む。

交尾を終えてから次の求愛行動を始めるまでの時間をTとし，１回目の交尾後に雌を除き，一定時間後に再び雌を入れてTを調べると，右のようなグラフになった。

問１　もしも，交尾を終了してから30分後に雌を除き，その20分後に雌を入れたとすると，Tの長さは何分になると予想されるか。

問２　問１と同じく交尾を終了してから30分後に雌を除き，その40分後に雌を入れたとすると，Tの長さは何分になると予想されるか。　（センター試験・改）

ここをチェック！

チェック❶　雄のみの(孤独な)時間，雌を入れた時間，交尾した時間がわかるようなメモを取れたか？

問題文はこう読む！

(1)　第１編の **STAGE 6** で取り上げたのと同じように，まずは与えられた情報を**横軸に時間を取って**メモしていきましょう。求愛行動を☒とします。

T（交尾を終えてから次の求愛行動を始めるまでの時間）

雌がいない時間	0分	20分	40分	60分	80分	100分	120分
20分	♂・・・	♀―――――	――――→	☒			
40分	♂・・・	・・・・・	♀――→	☒			
60分	♂・・・	・・・・・	・・・・・	♀☒			
80分	♂・・・	・・・・・	・・・・・	・・・・・	♀☒		
100分	♂・・・	・・・・・	・・・・・	・・・・・	・・・・・	♀☒	
120分	♂・・・	・・・・・	・・・・・	・・・・・	・・・・・	・・・・・	♀☒

孤独　　雌がいるのに求愛しない

(2) このメモを見ると，雌がやってくるのが前の交尾から20分後や40分後のときは，雄は雌がいてもすぐには求愛行動をせず，**前の交尾から60分経過してからようやく求愛行動する**ということがわかります。

また，**雌がやってくるのが前の交尾から60分後以降の場合は，雌がやってくればすぐに求愛行動を始めている**ことがわかります。

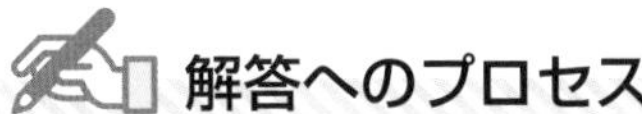

解答へのプロセス

問1 設問の内容を図解してみましょう。

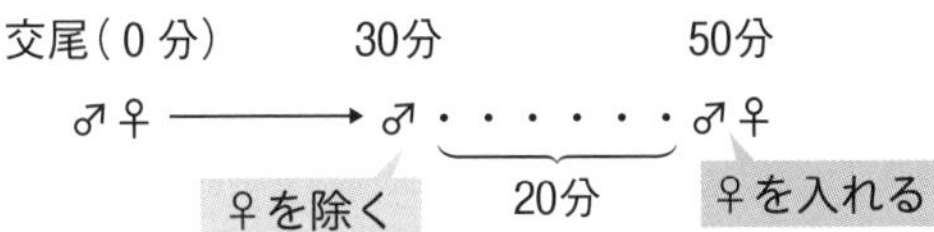

雌がやってくるのは結局**交尾の50分後**なので，雄はすぐには求愛行動を始めません。**あと10分経過して60分経ってから求愛が始まる**と考えられます。すなわち**Tの長さは60分**になります。

問2 問１と同じように，設問の内容を図解してみましょう。

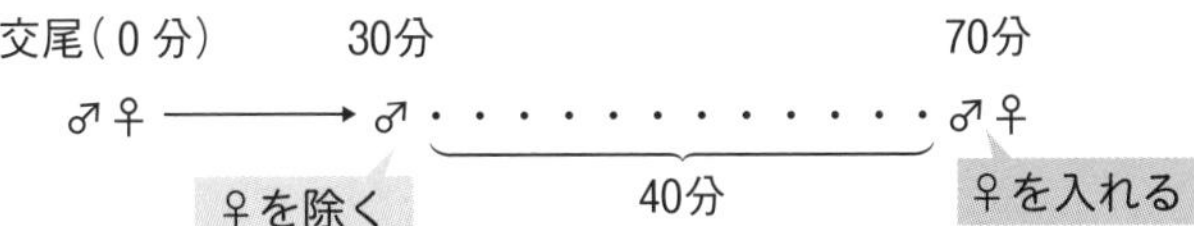

雌がやってくるのは**交尾が終わってから60分以上経過した70分後**です。ということは，雌がやってくれば**雄はすぐに求愛行動を始める**はずです。よって**Tの長さは70分**になります。

ほ～ら，メモさえ取れれば簡単ですね！

答

問1 60分　**問2** 70分

重要例題 6　植物体の重量変化

人工の培養液で，均一に成長しているトマトの苗を多数選び，a～dの4群に分けて，それぞれ次のような処理をした後，平均乾燥重量の変化を調べた。

a群：早朝，葉をつけた茎(地上部と呼ぶ)と根とに切断し，十分に乾燥させてその平均乾燥重量を求めると，地上部はP，根はQであった。

b群：早朝，茎の下端で環状除皮(形成層より外側の組織を一定の幅で全周にわたり除去すること)をした後，苗の根を蒸留水に浸して十分な光を当てた。夕方，地上部と根とに切断し，a群と同様に平均乾燥重量を求めると，地上部はP1，根はQ1であった。ただし，P1は環状除皮した組織の平均乾燥重量も加えた値である。

c群：早朝，無処理の苗の根を蒸留水に浸し，b群と同じ条件で光を当て，夕方切断して平均乾燥重量を求めると，地上部はP2，根はQ2であった。

d群：早朝，茎の下端で環状除皮をし，夕方まで暗黒条件にし，夕方切断して平均乾燥重量を求めると，地上部はP3，根はQ3であった。

問1　地上部から根に移動した物質量をP1，P2，Q1，Q2のうちから必要なものを用いて式で示せ。

問2　地上部が光合成で合成した物質量をP1，P2，P3，Q1，Q2のうちから必要なものを用いて式で示せ。　(センター試験・改)

ここをチェック！

チェック① 物質量の変化がわかるような帯状の図でメモできたか？

問題文はこう読む！

⑴　第1編の **STAGE 7** で学んだのと同じような**帯状の図**を描いてみましょう。地上部については，

となり，**地上部の見かけの光合成量は(P1－P)**で表されます。

⑵　根は光合成しませんが，呼吸は行います。よって最初Qだったのが Q1 になったので次のようにメモでき，**根の呼吸量は(Q－Q1)**で表されます。

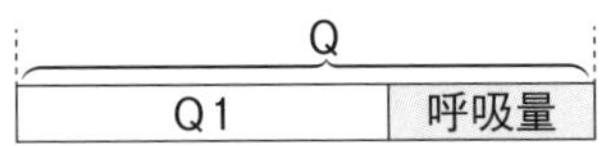

(3)　c群では環状除皮していないので，地上部で合成された有機物の一部が師管を通って根に輸送されます。その結果，地上部はP2になり，根はQ2になったので，次のように示すことができます。

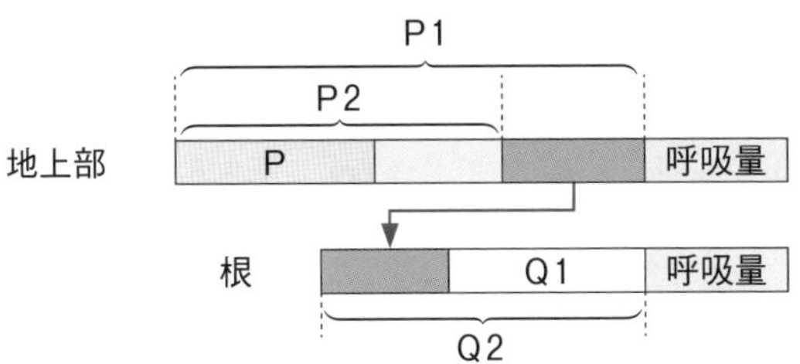

解答へのプロセス

問1　「地上部から根に輸送された物質量(図では　　　の部分)」を聞いているので，**(P1−P2)**あるいは**(Q2−Q1)**という式で示すことができますね。

問2　今度は，「地上部が光合成で合成した物質量」を求めます。

地上部の光合成量＝見かけの光合成量＋地上部の呼吸量

です。

地上部の呼吸量を調べるために，d群があります。地上部もずっと暗黒条件なので，光合成は行われず，でも呼吸は行われています。また環状除皮されているので地上部から根への有機物の移動は起こりません。

よって，**(P−P3)が地上部の呼吸量**です。

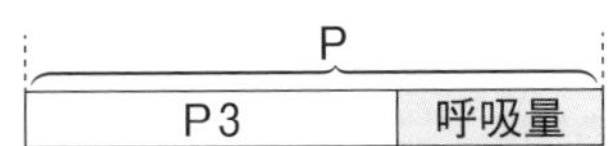

光合成量＝見かけの光合成量＋地上部の呼吸量
　　　　＝　　(P1−P)　　＋　(P−P3)
　　　　＝　**P1−P3**

と求められます。

問1　P1−P2，または，Q2−Q1

問2　P1−P3

重要例題 7 ニワトリの翼の発生

ニワトリの胚の体側にできる翼芽(翼の原基)は，発達して翼となるが，翼には正常型の他に，2つの突然変異型がある。その1つは翼芽が異常に発達する多指型で，もう1つは翼芽がほとんど発達しない無翼型である。

下図に示したように，翼芽の外胚葉には頂堤域(頂堤ができる範囲)があり，中胚葉の働きで頂堤になる。このとき，多指型の中胚葉は広い頂堤域を保持し，大きい頂堤ができる。これに対して，正常型の中胚葉は狭い頂堤域を保持し，小さい頂堤ができる。こうしてできた頂堤は，中胚葉の翼への分化を誘導し，多指型あるいは正常型の翼ができる。なお，無翼型では，外胚葉が頂堤になる能力のみを欠いている。

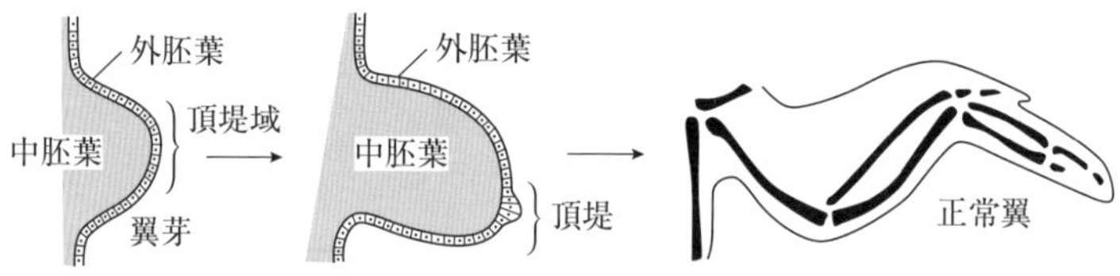

頂堤ができる少し前に，正常型の翼芽の先端外胚葉を切り取り，それを正常型の他の胚の翼芽の先端外胚葉を除いたところに移植すると，正常な翼になった。このような移植実験を，正常型の胚と突然変異型の胚との間で行い，翼芽の先端外胚葉と中胚葉とを右表のように組合せて発生させると，A～Dにはどのような型が生じると期待されるか。次から最も適当なものをそれぞれ1つずつ選べ。

中胚葉＼外胚葉	正常型	多指型	無翼型
正常型		A	B
多指型	C		
無翼型		D	

① 正常型　　② 多指型　　③ 無翼型

（センター試験・改）

ここをチェック！

チェック❶ 誰が誰に働きかけるかがわかったか？

チェック❷ 「作用反作用の法則」を意識してメモしたか？

チェック❸ ヒントの合図「なお，」・「また，」・「ただし，」はチェックしたか？

問題文はこう読む！

(1) 問題文に，**「翼芽の外胚葉には頂堤域(頂堤ができる範囲)があり，中胚葉の働きで頂堤になる」**，さらに，**「頂堤は，中胚葉の翼への分化を誘導」**と書いてあります。

また，このとき，**「多指型の中胚葉は広い頂堤域を保持し，大きい頂堤ができる」，「正常型の中胚葉は狭い頂堤域を保持し，小さい頂堤ができる」**と書いてあります。

これを図解してメモしておきましょう。

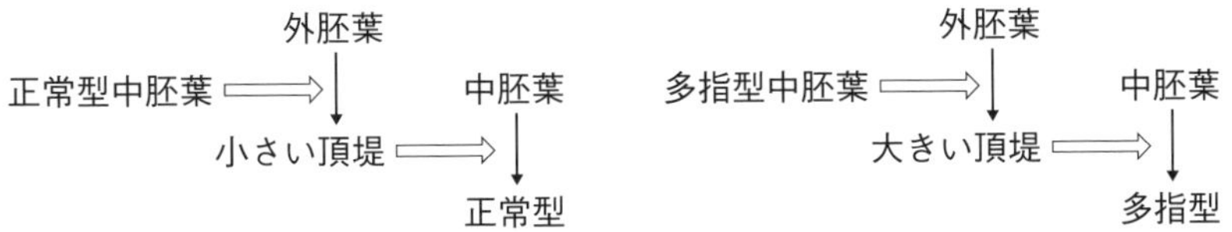

(2) そして，**ヒントの合図**がありました！

「なお，無翼型では，外胚葉が頂堤になる能力のみを欠いている」のですね。

解答へのプロセス

(1) まず，Aについて検討しましょう。

多指型になるのは中胚葉が大きい頂堤を誘導してしまうからです。多指型であっても，**外胚葉が勝手に大きい頂堤になってしまうのではありません。**よってAでは，**正常型の中胚葉が，多指型の外胚葉に対して小さい頂堤を誘導**します。小さい頂堤であれば正常な翼が形成されます。

よって，**Aは①**です。

(2) 次はCについて検討しましょう。

多指型の中胚葉は外胚葉に対して，大きい頂堤を誘導します。大きい頂堤は中胚葉に対して多指型を誘導します。

よって，**Cは②**です。

(3) 今度はBについて考えます。

中胚葉は正常型なので，ふつうであれば小さい頂堤を誘導するはずです。でも「なお,」にあったように，**無翼型の外胚葉は頂堤になる能力を欠いている**のでした。

「作用反作用の法則」で学習したように，**作用する側が正常であっても，作用を受ける側に欠陥があると正常な反応が行われない**のでしたね。

よって，**無翼型の外胚葉は正常な中胚葉から誘導を受けても頂堤になりません**。頂堤が形成されないと，中胚葉に対して誘導することもできないので翼芽は発達しない無翼型になります。

よって，**Bは③**です。

(4) 最後にDについて考えましょう。

無翼型でも正常でないのは外胚葉のみで，**中胚葉は正常型と同じく小さい頂堤を誘導する能力をもちます**。また，**多指型の外胚葉も正常に誘導を受け取ることができます**。すると小さい頂堤が形成され，その結果，正常型の翼が誘導されると考えられますね。

よって，**Dは①**です。

A－①　B－③　C－②　D－①

重要例題 8 コガネムシの誘引行動

ある近縁な3種のコガネムシQ，R，Sの成虫について，同種の雄を誘引する雌の分泌物の成分を調べたところ，成分A，B，Cのいずれか，またはそれらの混合物であった。コガネムシQ，R，Sの雌の分泌物は互いに他種の雄を誘引することはない。成分A，B，Cとそれらの混合物について，コガネムシQ，R，Sの雄に対する誘引性を調べたところ下表のようになった。

試験物質 / コガネムシ	A	B	C	A＋B	A＋C	B＋C	A＋B＋C
Qの雄	×	×	×	(あ)	(い)	×	○
Rの雄	×	×	×	(う)	○	×	○
Sの雄	×	×	(え)	(お)	(か)	×	(き)

＋は混合したことを示す。たとえば，A＋BはAとBの混合物を示す。
○はコガネムシが誘引されたことを，×は誘引されなかったことを示す。

ただし，成分A，B，Cはそれぞれ単独の成分を表し，＋は混合していることを表す。コガネムシQ，R，Sの雌が同種の雄を誘引する分泌物について，それぞれの構成成分をA，B，Cを用いて答え，表の(あ)～(き)に，○か×かを入れて表を完成させよ。なお，混合物中に誘引を阻害する成分が1つでも入っている場合は，その混合物にはコガネムシの雄は誘引されないものとする。 (東北大)

ここをチェック！

チェック❶「コガネムシの雌が，それぞれ誰を誘引するか」を確認したか？

チェック❷ ヒントの合図「なお,」・「また,」・「ただし,」はチェックしたか？

問題文はこう読む！

(1) まず1行目にあるように，**分泌物を分泌するのは雌，その物質に誘引される方は雄**であることを確認しましょう。そして，問題文の3行目にこんな一文がありました。

「コガネムシQ，R，Sの雌の分泌物は互いに他種の雄を誘引することはない。」

違う種の雄を誘引してしまうとややこしいことになるので，当然といえば当然の話ですね。でも**それをわざわざ書いてくれてあるのはヒントになるからです**。ここに**下線を引いて下線部ア**としましょう。

(2) Qの雄は「A＋B＋C」に誘引されています。もしもQの雌が「A＋B＋C」を分泌すると仮定すると，Qの分泌した「A＋B＋C」にRの雄も誘引されてしまいますね。すると，**下線部ア**に矛盾するので，この仮定は誤りとわかります。

また，Rの雄も「A＋B＋C」に誘引されます。Rの雌が「A＋B＋C」を分泌すると仮定すると，Qの雄も誘引されてしまいます。やはり**下線部ア**に矛盾するのでこの仮定も誤りです。

(3) Rの雄は「B＋C」には誘引されないので，Rの雌が「B＋C」を分泌しているはずはありません。Rの雄は「A＋C」には誘引されますが，A・B・Cそれぞれ単独では誘引されません。…ということは？

(4) もう1つの重要なヒントは合図の後にあります。**「なお，混合物中に誘引を阻害する成分が1つでも入っている場合は，その混合物にはコガネムシの雄は誘引されないものとする。」**

これに**下線を引いて**，**下線部イ**としておきましょう。

解答へのプロセス

(1) Rの雌が分泌するのは「A＋B＋C」でないことはわかりました。さらに，Rの雄が誘引されない「B＋C」でも「Aのみ」でも「Bのみ」でも「Cのみ」でもないはずです。でも，Rの雄は「A＋C」に誘引されます。

⇒ **Rの雌が分泌しているのは「A＋C」**だと判断できます。

すなわち，Rの雄はRの雌が分泌するAとCの混合物に誘引されるので，AとBの混合物である「A＋B」には誘引されないはずです。

⇒ **(う)は×**とわかります。

(2) Qの雌が分泌しているのも「A＋B＋C」でないことはわかりました。Qの雄が誘引されない「B＋C」でも「Aのみ」でも「Bのみ」でも「Cのみ」でもないはずです。残っている組合せは「A＋B」と「A＋C」ですが，「A＋C」はRの雌が分泌しているので，これではないはず。

⇒ **Qの雌が分泌しているのは「A＋B」**だと判断できます。

⇒ **(あ)は○**，**(い)は×**とわかります。

(3) Sの雌が分泌する物質も「A＋B＋C」ではないはずです。Sの雄が誘引されない「Aのみ」・「Bのみ」・「B＋C」でもないはず。また，Rの雌とQの雌が分泌する「A＋C」や「A＋B」でもないはずです。

ということは，**Sの雌が分泌するのは残っている「Cのみ」**しかありません。もしも「C」に対してSの雄が誘引されないと仮定すると，Sの雄は全く誘引されないことになってしまいます。

⇒ **(え)は○**のはずです。また，**(お)は×**，Rの雌が分泌する「A＋C」にも誘引されないはずなので**(か)も×**のはずです。そして，「A＋C」に誘引されないのですから，「A＋B＋C」にも誘引されないと考えられ，**(き)も×**となります。

(4) でも，Sの雌が分泌する「C」にSの雄が誘引されるのであれば，「A＋C」や「B＋C」や「A＋B＋C」に対してSの雄が誘引されないのはなぜでしょうか。

さあ！ ここで下線部イの登場です!! **「なお，混合物中に誘引を阻害する成分が1つでも入っている場合は，その混合物にはコガネムシの雄は誘引されないものとする」**のでしたね。

せっかく「C」が入っているのに「A＋C」にも「B＋C」にも誘引されないということから，Sの雄にとっては「A」も「B」も誘引を阻害する物質なのでしょう。そのような阻害物質が1つでも入っていると，いくら誘引する「C」が入っていても誘引されないということになります。

Qの雌の分泌物：AとB　**Rの雌の分泌物**：AとC　**Sの雌の分泌物**：C
(あ)－○　(い)－×　(う)－×　(え)－○　(お)－×　(か)－×　(き)－×

重要例題 9　紫外線照射と細胞の生存率

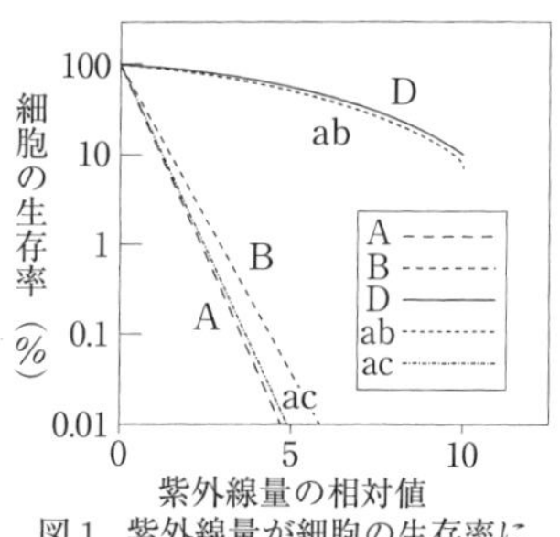

図1　紫外線量が細胞の生存率に及ぼす影響

正常細胞では，紫外線照射でDNAが損傷してもそれを修復することができるが，修復するのに必要な遺伝子に変異が生じるとDNAの損傷が修復できず，そのような細胞はアポトーシスによって除去される。正常なヒトDから採取した細胞を細胞D，修復遺伝子に変異のあるヒトA～Cから採取した細胞をそれぞれ細胞A～Cとし，さらに細胞Aと細胞Bを融合した細胞ab，細胞Aと細胞Cを融合した細胞acを用意した。これらの細胞について，紫外線照射量と細胞の生存率を調べた結果の一部を示すと，上図のようになった。ただし，それぞれの患者において，異常な遺伝子は1組の対立遺伝子に限られる。

問　Cおよびbcの細胞がどのような結果を示すかを上図に描き込め。　（阪大）

ここをチェック！

チェック❶ グラフの縦軸・横軸をしっかり確認したか？

チェック❷「け・け・けの法則」を使ったか？

チェック❸ ヒントの合図「なお,」・「また,」・「ただし,」はチェックしたか？

問題文はこう読む！

(1)　問題文の1～2行目に「**正常細胞では，紫外線照射でDNAが損傷してもそれを修復することができる**」とあります。**グラフの横軸はその紫外線量**なので，**グラフが右へ行くほど紫外線量が多い＝DNA損傷が多い**ことを意味します。

(2)　問題文の2～5行目には，「**修復するのに必要な遺伝子に変異が生じるとDNAの損傷が修復できず，そのような細胞はアポトーシスによって除去される**」とあります。**アポトーシス＝細胞死**ですね。DNAの損傷が修復できないときは，細胞が死んでしまうということです。**グラフの縦軸は細胞の生存率**なので，**グラフが下に下がるほどアポトーシスがたくさん起こっている＝DNAの損傷を修復できなかった**ということを意味しています。

(3) 細胞Dは正常なヒトの細胞なので，DNAの損傷を修復する能力があります。そのため紫外線量が多くなってDNA損傷が増えても，DNA損傷を修復することができ，細胞の生存率はそれほど低下していません。一方，細胞Aや細胞Bは修復遺伝子に変異があるので，紫外線量が増えてDNA損傷が多くなるとその損傷を修復できず，アポトーシスが起こるために細胞の生存率が急激に低下しているのだと解釈できます。

(4) そしてヒントの合図**「ただし,」**です。

「それぞれの患者において，異常な遺伝子は1組の対立遺伝子に限られる」のです。2つも3つも異常があるのではないよ！ と教えてくれています。

たとえば患者Aで変異が生じた遺伝子をA′とすると，異常な遺伝子はA′のみで，他の遺伝子(たとえばB遺伝子やC遺伝子)は正常だということですね。

解答へのプロセス

(1) 細胞Aと細胞Bを融合したのが細胞abです。細胞abは，グラフを見ると正常な細胞Dと同じ結果になっています。もしも，細胞Aと細胞Bの遺伝子の変異が同じならば**「け・け・けの法則」**より，融合細胞abも細胞Aや細胞Bと同じ結果になるはずです。**細胞abが正常な細胞Dと同じ結果になった**ということから，**細胞Aと細胞Bで変異が生じた遺伝子は，異なる遺伝子だった**と判断できます。

たとえば細胞Aの変異遺伝子をA′とすると，細胞Bの変異遺伝子はAではなくBだった(変異した遺伝子をB′とします)と考えられます。

(2) さらに，異常のある遺伝子は1組の対立遺伝子のみなので，

患者AではAが異常になったA′をもつ＝Bには異常がない

患者BではBが異常になったB′をもつ＝Aには異常がない

とわかります。そのため，両方の細胞を融合すると**お互い異常な遺伝子を補い合って正常細胞と同じ結果**となったのです。

(3) 一方,細胞Aと細胞Cの融合細胞acは,細胞Aと同じ結果になっています。細胞Aにも欠陥があり，細胞Cにも欠陥があり，その両者を合わせもつ融合細胞acにも欠陥がある。ということは，**「け・け・けの法則」**より，**細胞Aと細胞Cは同じ遺伝子に異常がある**とわかります。

したがって，**患者Cの細胞を用いて実験しても，患者Aの細胞と同じ結果になる**と考えられます。

(4) 患者Cは患者Aと同じくA遺伝子が異常になったA′をもつことがわかりました。そして異常がある遺伝子は1組の対立遺伝子のみなので，患者CはA′遺伝子以外には異常がありません。

患者Bは，Aとは異なるB遺伝子に異常がある＝Aには異常がないのでしたね。ということは，細胞Bと細胞Cの融合細胞bcでは**お互いの異常を補い合って，正常細胞と同じ結果になる**と予想されます。

答

細胞C：右図赤線
（A，acと同じ）
細胞bc：右図青線
（D，abと同じ）

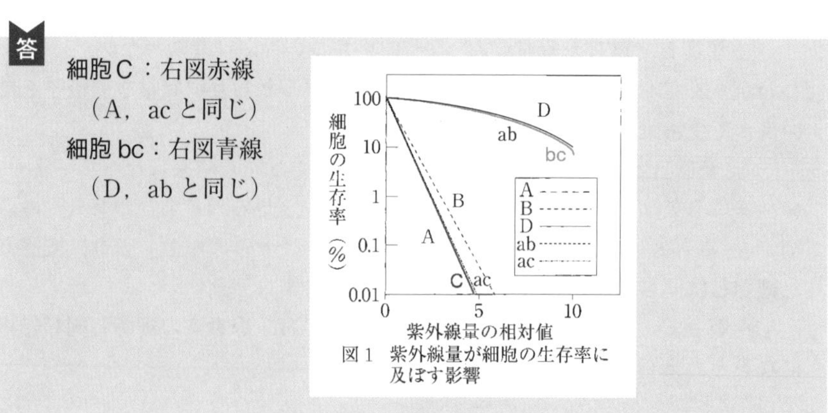

図1 紫外線量が細胞の生存率に及ぼす影響

重要例題 10 ウニの発生

ウニを用いて次のような実験を行った。以下の問いに答えよ。

実験1：ウニの未受精卵をアクチノマイシンDで処理した後受精させ，アクチノマイシンDの存在下で発生させた。このように処理された胚(アクチノマイシンD処理胚)では，原腸形成が起こらず，胞胚で発生が停止した。なお，アクチノマイシンDは転写の阻害剤である。

実験2：同様の実験を，シクロヘキシミドを用いて行った。この場合は，受精卵は卵割せず，全く発生しなかった。なお，シクロヘキシミドは翻訳の阻害剤である。

実験3：同様の実験を，RNA 分解酵素を用いて行った。この場合も，受精卵は卵割せず，全く発生しなかった。

実験4：正常胚とアクチノマイシンD処理胚において，受精後の途中の段階で短時間放射性同位体を含むアミノ酸を与えて取り込ませ，タンパク質合成速度(一定量のタンパク質当たりの放射性同位体の量)を求めてグラフにした(右図)。なお，どちらの胚も受精後10時間ではすでに胞胚に達しており，正常胚では10時間以降に原腸形成が起こった。

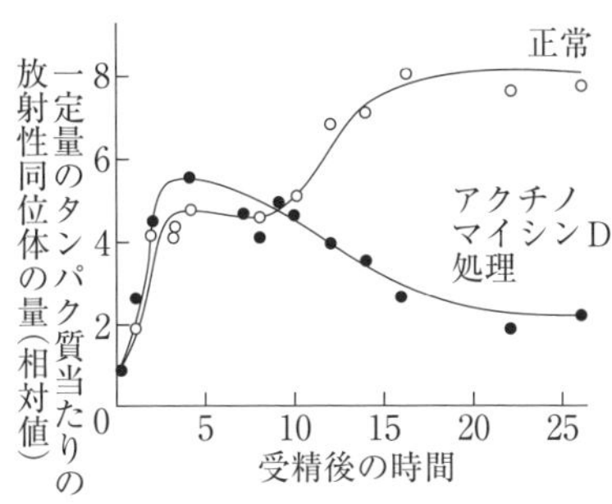

問　これらの実験から適当と判断できるものを，次のア～オからすべて選べ。

ア．卵割には新たなタンパク質合成は必要ない。

イ．卵割には mRNA は必要ない。

ウ．卵割には受精後の新たな転写は必要ない。

エ．原腸形成には新たなタンパク質合成は必要ない。

オ．原腸形成には新たな転写は必要ない。

(東海大)

ここをチェック！

チェック❶ ヒントの合図「なお,」・「また,」・「ただし,」はチェックしたか？

チェック❷ RNA 合成(転写)阻害と RNA 分解は区別できたか？

チェック❸「小遣い残存の法則」は使えたか？

問題文はこう読む！

(1) 前提の根本的な知識として，まず，**DNA から転写されて mRNA が生じること，そして，その mRNA が翻訳されてタンパク質が合成されることを**確認しましょう。

DNA ——→ mRNA ——→ タンパク質
　　転写　　　　　　翻訳

すなわち，タンパク質を合成するには mRNA が絶対に必要なのです。

(2) **実験 1** では，アクチノマイシン D(転写阻害剤)を与えているので**転写が行われない**にもかかわらず，胞胚までは発生できています。よって，**胞胚までの発生には転写は必要ない**とわかります。でも，原腸形成は起こりませんでした。よって，**原腸形成には転写が必要**だとわかります。

(3) 胞胚までの発生には転写が不必要なので，RNA そのものが不必要なのかな？ と思ってしまいますが，**実験 3** で RNA 分解酵素を与えて **RNA がない状態**にすると受精卵は全く発生しなかったので，**胞胚までの発生にも RNA は必要**だとわかります。

(4) **実験 4** では，放射性同位体を含む(要は印を付けた)アミノ酸がどれだけ取り込まれるかを調べています。つまり，**新しくつくられたタンパク質の量**を調べています。

実験 4 の「なお,」にあるように，受精後10時間では胞胚に達しており，アクチノマイシン D で転写を阻害してもタンパク質は合成されていることがわかります。すなわち，タンパク質合成(翻訳)を行うには mRNA が必要なはずなのに，転写を阻害して mRNA が合成されなくても胞胚まではタンパク質が合成できるということは…，ここで「**小遣い残存の法則**」ですね。**減数分裂して未受精卵を生じる前，すなわち卵母細胞の段階ですでに転写が行われて，生じた mRNA が残っていた**と判断できます。

でも，転写を阻害していると，胞胚以降(10時間以降)のタンパク質合成は抑制されています。ということは，**受精前に生じていた mRNA は胞胚までの発生に必要な mRNA で，原腸形成には新たな mRNA が必要**だとわかります。

図解すると次ページの図のようになります。

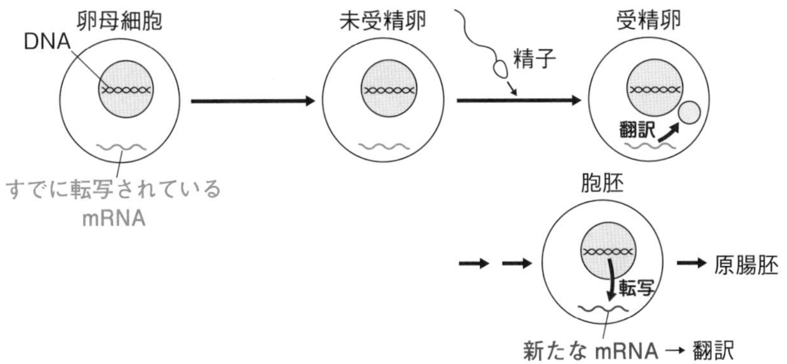

解答へのプロセス

ア．実験 2 で，翻訳(mRNA からのタンパク質合成)を阻害すると卵割が起こらなかったので，**卵割には新たなタンパク質合成が必要**だとわかります。よって，アは誤り。

イ．実験 3 で，RNA 分解酵素で処理して RNA を無くすと卵割が行われなかったので，**卵割には mRNA が必要**だとわかります。よって，イも誤り。

ウ．実験 1 で，転写を阻害してもちゃんと卵割して胞胚まで発生できたので，**卵割には受精後の新たな転写は必要ない**といえます。よって，ウは正しい。

エ．実験 4 のグラフで，アクチノマイシン D 処理胚は，受精後10時間目以降，タンパク質合成が行われていないことがわかります。そしてそのようなアクチノマイシン D 処理胚は原腸形成が行われないので，**新たなタンパク質が合成されないと原腸形成が行われない**と判断できます。つまり，**原腸形成には新たなタンパク質合成が必要**なはずです。エは誤り。

オ．実験 1 で，アクチノマイシン D で転写を阻害すると原腸形成が起こらなくなったので，**原腸形成には新たな転写が必要**だと判断できます。よって，オも誤り。

答 ウ

重要例題 11 花芽形成率

ある植物AとBに14時間の暗期処理を行い，その処理中の異なる時間に５分間の強い光を照射し，光中断を行った。暗期処理を始めてから光中断を行うまでの時間と形成した花芽の数の関係を調べると右図のようになった。

問　Aの植物を12時間暗期，12時間明期の明暗周期で栽培し，同様な光中断実験を行った場合どのようなグラフが得られるか。グラフを描け。　（東京学芸大）

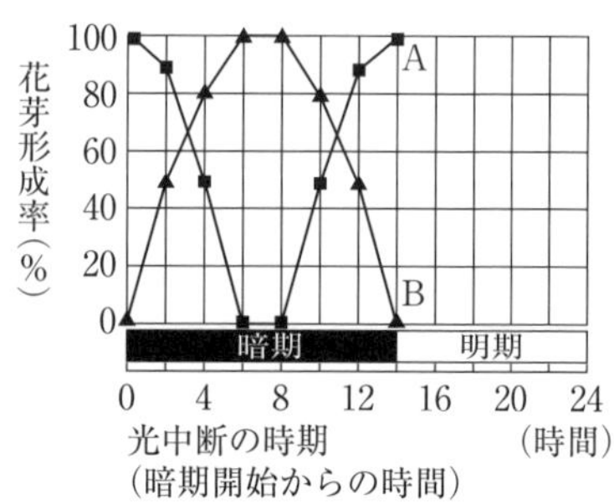

ここをチェック！

チェック❶ 実験内容を図示できたか？

チェック❷ 顕著な点に注目してメモできたか？

問題文はこう読む！

(1)　**STAGE 9** ではB植物について考えました。今度はA植物について詳しく考えてみましょう。やはり，**顕著な点(花芽形成率が100%や０%の点)に注目します**。

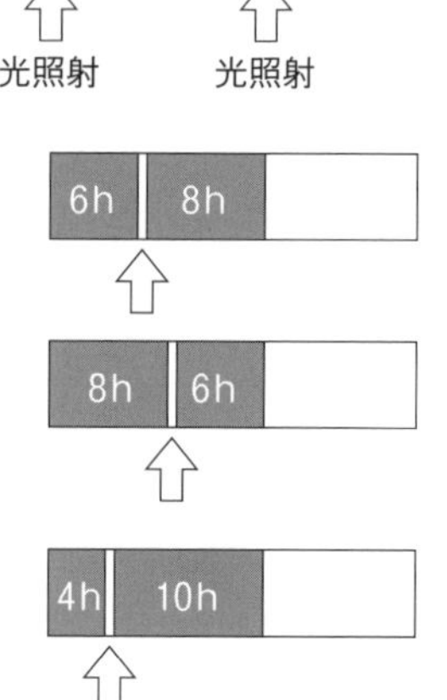

(2)　A植物について，暗期処理を始めて０時間目と14時間目の光照射は，右図のような処理を行ったということですね。結局，**連続暗期は14時間**です。このとき，**花芽形成率は100%**です。

次に，暗期処理を始めてから６時間目あるいは８時間目に光中断すると右図のようになります。どちらの場合も，最も長い**連続暗期は８時間**です。このとき，**花芽形成率は０%**です。

つまり，**連続暗期が８時間以下では花芽形成率が０%という短日植物**だとわかります。

(3)　では，A植物の花芽形成率が50%になるときを図示してみましょう。グラフから，４時間目あるいは10時間目に光中断すると花芽形成率が50%になることがわかります。

すなわち，**連続暗期が10時間のときは花芽形成率が50％になるのです。**

(1) 問の暗期は全体で12時間です。**同じ条件であれば同じ結果になるはずなので，同じ条件になる「点」を探します。**

(2) 連続暗期が12時間になるのは，もともとの実験では**2時間目あるいは12時間目に光中断した場合**です。A植物において2時間目および12時間目に光中断した結果をグラフから読むと，**花芽形成率は90％**です。

すなわち問の実験で0時間目あるいは12時間目に光中断した結果も，花芽形成率は90％になるはずです。下の**グラフに「点」を取ってみましょう**(グラフの●)！

(3) 逆にもともとの実験で**花芽形成率が0％になるのは6時間目から8時間目に光中断した場合**で，このときの**連続暗期は8時間から6時間**です。全体の暗期が12時間のとき，連続暗期を6時間にするには**6時間目**に，連続暗期を8時間にするには**4時間目あるいは8時間目に光中断すればよい**ことになります。すなわち光中断を行うのが4時間目から8時間目のときは花芽形成率が0％のはずです(グラフの★)。

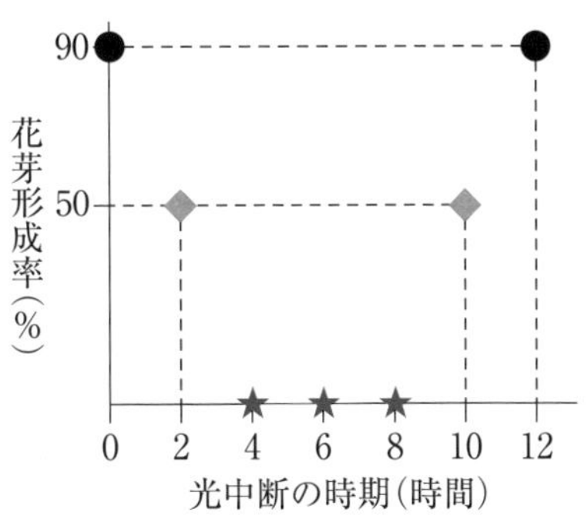

(4) 同様に，花芽形成率が50％になるときを見てみましょう。もともとの実験では，**連続暗期が10時間のときに花芽形成率が50％**になります。問の実験で連続暗期が10時間になるのは**2時間目あるいは10時間目に光中断したとき**(グラフの◆)です。さあ，グラフが完成しましたね！

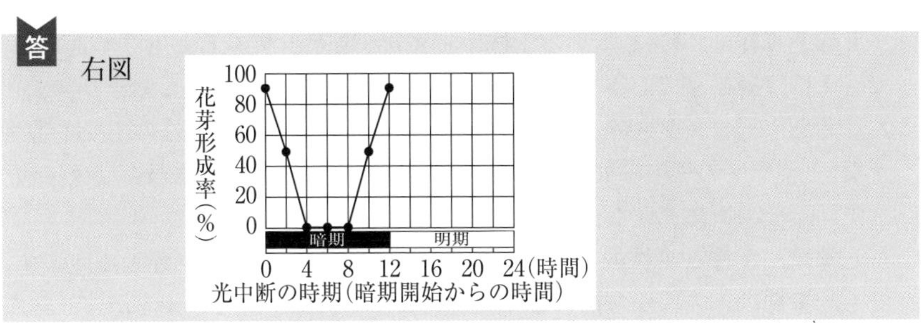

重要例題 12 アカパンカビの生育

アカパンカビの野生型は最少培地でも次のような反応によって生育に必要なアルギニンを生成し，生育することができるが，アルギニン要求性の変異株は，最少培地にアルギニンあるいはオルニチンやシトルリンを添加しないと生育できない。

糖 ——→ オルニチン ——→ シトルリン ——→ アルギニン
酵素A　　　　酵素B　　　　酵素C

アルギニン要求株のⅠ～Ⅲ株を，最少培地に最小限のアルギニンを添加した培地で図1のように培養すると，図2のように黒く塗った部分で生育が盛んになった。これは隣接している株に蓄積した物質が拡散し，それを用いて生育したからである。Ⅰ～Ⅲ株は酵素A～Cのいずれに欠陥がある株か答えよ。ただし，Ⅰ～Ⅲ株で欠陥があるのはそれぞれ1か所のみである。 （北大）

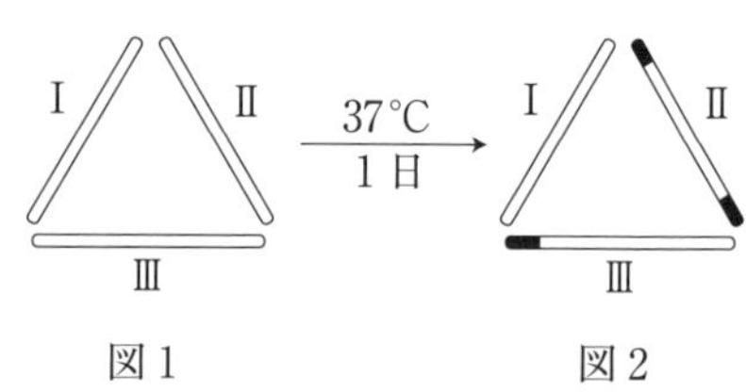

図1　図2

ここをチェック！

チェック❶「隣接部で生育した理由」をきちんと読み取れたか？

チェック❷「ツメダメの法則」を素早く使えたか？

チェック❸ ヒントの合図「なお，」・「また，」・「ただし，」はチェックしたか？

問題文はこう読む！

⑴ 問題文に，**「黒く塗った部分で生育が盛んになった。これは隣接している株に蓄積した物質が拡散し，それを用いて生育したからである」**と書いてあります。

Ⅱ株やⅢ株は，隣接しているⅠ株から物質が拡散してくると生育できます。でもⅠ株は隣接しているⅡ株やⅢ株から物質が拡散してきても生育できません。さあ！**「ツメダメの法則」**の出番です。Ⅰ株，Ⅱ株，Ⅲ株の中で1番ダメな（1番ツメの反応に欠陥がある）ものは？ そう，**Ⅰ株**ですね。

⑵ では，その次にダメな株はどれでしょうか。

Ⅱ株は，Ⅰ株とⅢ株のどちらから物質が拡散してきても生育しています。でも，Ⅲ株は，Ⅰ株から拡散してきた物質があれば生育できますが，Ⅱ株から物質が拡散してきても生育できません。よって，**Ⅱ株とⅢ株の中ではⅢ株の方がダメ**だとわかりますね。

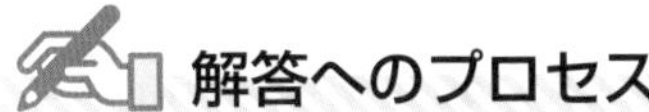

解答へのプロセス

(1) 「ツメダメの法則」より，**1番ダメなⅠ株が1番ツメ(最後)の反応に欠陥があるので，Ⅰ株は酵素Cに欠陥がある**とわかります。

(2) その次にダメなのがⅢ株なので，Ⅲ株は，残った酵素Aと酵素Bのうち，**より後ろの酵素Bに欠陥がある**とわかります。

(3) Ⅱ株もアルギニン要求株なので，どこかに欠陥があります。よって，残った**酵素Aに欠陥があると**判断できます。

(4) 念のために，たとえばⅠ株とⅢ株について確認してみると次のようになります。まず，もう1度，代謝の経路をみてみましょう。

糖 —(酵素A)→ オルニチン —(酵素B)→ シトルリン —(酵素C)→ アルギニン

Ⅲ株は酵素Bに欠陥がありますが，酵素AやCには欠陥がない(**「ただし，」からわかります**)ので，オルニチンまでは反応が進んで，そこで反応が止まります。その結果オルニチンが蓄積し，これが隣接する株に拡散します。

Ⅲ株　糖 —(酵素A)→ オルニチン ⌟ —×(酵素B)→ シトルリン —(酵素C)→ アルギニン

一方，Ⅰ株は酵素Cに欠陥がある(酵素Aや酵素Bには欠陥がない)ので，シトルリンが蓄積し，これが隣接する株に拡散します。

Ⅰ株　糖 —(酵素A)→ オルニチン —(酵素B)→ シトルリン ⌟ —×(酵素C)→ アルギニン

(5) Ⅰ株はⅢ株からオルニチンをもらいますが，酵素Cに欠陥があるのでアルギニンが生成できず生育できません。でもⅢ株はⅠ株からシトルリンをもらうと，酵素Cは正常なので，シトルリンをアルギニンに変えることができ，生育できるのです。

答　Ⅰ株－酵素C　　Ⅱ株－酵素A　　Ⅲ株－酵素B

重要例題 13 咽頭筋の分化

図１はセンチュウにおける細胞分裂のようすとそれぞれの子孫細胞から最終的に形成される組織や器官を示したものである。図１にあるように，咽頭筋は AB 細胞からも P_1 細胞からも生じるが，これにはタンパク質Xを支配する遺伝子Xも関与している。そこで咽頭筋の分化のしくみを調べるために次の実験を行った。

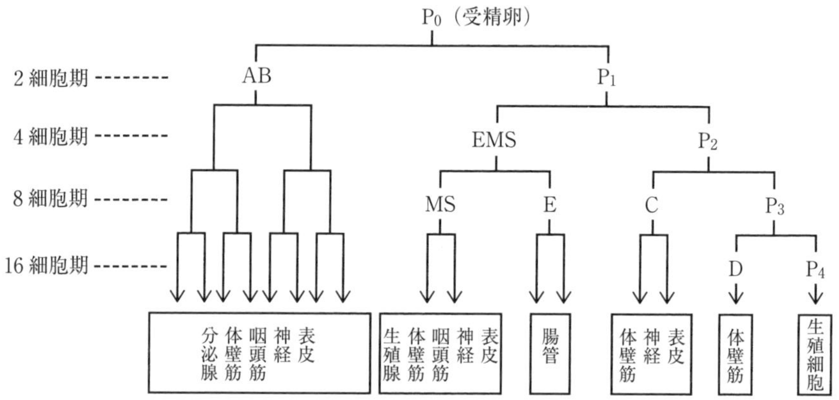

図１　センチュウ胚での細胞分裂のしかたと形成される組織や器官

細胞の名前，矢印はその細胞がさらに分裂を続けることを示す。最終的に生じる組織や器官を四角の中に示した。ただし，体壁筋は体を動かす筋肉，咽頭筋は咽頭で食物をくだく筋肉である。

実験１：遺伝子Xを欠損した突然変異体では，AB 細胞由来の咽頭筋が形成されなかったが，P_1 細胞由来の咽頭筋は形成された。

実験２：２細胞期の正常胚から AB 細胞のみを除去しても細胞分裂は進行し，P_1 細胞から咽頭筋が形成された。逆に P_1 細胞のみを除去すると，細胞分裂は進行したが咽頭筋に分化するものは現れなかった。

実験３：遺伝子X欠損変異体において，遺伝子Xの mRNA を２細胞期の AB 細胞に注入すると，AB 細胞から咽頭筋に分化するものが現れた。しかし P_1 細胞に注入しても AB 細胞から咽頭筋に分化するものは現れなかった。

問１　正常胚において遺伝子Xが発現していると考えられるのは，AB 細胞，P_1 細胞，AB 細胞と P_1 細胞の両方，のいずれと考えられるか。

問２　遺伝子Xから生じたタンパク質Xには，どのような働きがあると考えられるか。60字以内で述べよ。

（関西学院大）

ここをチェック！

チェック❶「無関係無反応の法則」が使えたか？

チェック❷ 誘導が絡んでいることを見抜けたか？

問題文はこう読む！

(1) 実験1で遺伝子Xが欠損しても P_1 から咽頭筋が形成されたので，**「無関係無反応の法則」**より，もともと遺伝子Xは P_1 で発現していないと判断されます。しかし，遺伝子Xが欠損するとAB細胞からは咽頭筋が形成されなかったこと，および実験3で遺伝子Xが欠損していても遺伝子XのmRNAがあればAB細胞から咽頭筋が形成されたことからも，**AB細胞において遺伝子Xが発現することでAB細胞から咽頭筋が形成される**と推測されます。

(2) 実験2で，AB細胞がなくても P_1 細胞から咽頭筋が形成されたが，P_1 細胞がないとAB細胞からも咽頭筋は形成されなかったことから，

⇒ P_1 細胞から咽頭筋を形成するのにはAB細胞は必要ない。

⇒ AB細胞から咽頭筋を形成するには P_1 細胞が必要。

⇒ P_1 細胞がAB細胞に対して働き，AB細胞からの咽頭筋形成を促す。

と考えられます(**P_1 細胞がAB細胞からの咽頭筋形成を誘導している**)。

(3) 上記(1)，(2)から，AB細胞は遺伝子Xの産物(タンパク質X)により，

⇒ **P_1 細胞からの誘導作用を受容することができるようになった。**

と考えられます。

解答へのプロセス

問1 実験1および実験3から，**遺伝子Xが発現しているのはAB細胞のみ。**

問2 P_1 細胞がAB細胞に働きかけて，AB細胞からの咽頭筋形成を促します。このとき遺伝子Xの産物がAB細胞にあると，その誘導作用を受け取ることができました。このことから，遺伝子Xから生じる**タンパク質Xは，P_1 細胞からの誘導作用を受容するのに必要なタンパク質**だと考えられます。

答

問1 AB細胞

問2 タンパク質Xは，AB細胞において，P_1 細胞からの咽頭筋形成の誘導作用を受容するのに必要な働きをもつと考えられる。(54字)

重要例題 14 カルシウム濃度の調節

骨からのCa^{2+}の放出や骨へのCa^{2+}の吸収により，血液中のCa^{2+}濃度はほぼ一定に保たれている。この調節に関与している可能性があるホルモンAおよび破骨細胞，骨芽細胞を用いて次のような実験を行った。

イヌから取り出した骨(破骨細胞や骨芽細胞を含まない)を培養液中に置き，細胞を加えない(イ)，破骨細胞を加える(ロ)，骨芽細胞を加える(ハ)という3種類の培養条件で，さらにホルモンAを与えない場合と与えた場合において，培養液中のCa^{2+}濃度を測定した。その結果が下図である。

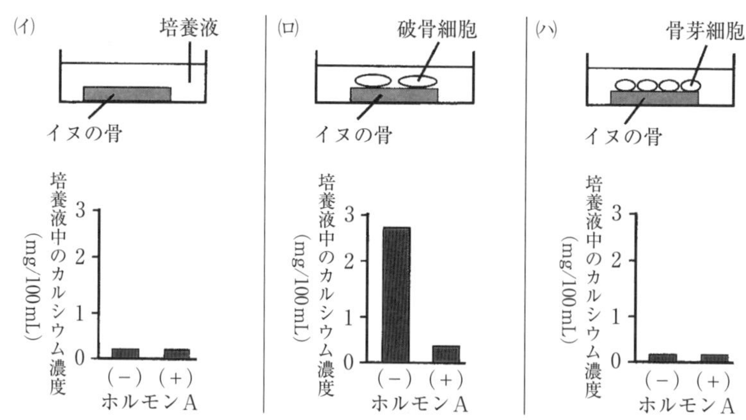

ホルモンAはどのようなときに分泌されるか，またホルモンAはどのようにして血液中のCa^{2+}濃度を調節するかについて，100字以内で説明せよ。 (阪大)

ここをチェック！

チェック❶ 比較する実験を見抜けたか？

チェック❷「どこで？」を意識して実験を読んだか？

チェック❸「鍵なしびっくり箱の法則」が当てはまるのを発見できたか？

問題文はこう読む！

(1) 問題の1～2行目に，「骨からのCa^{2+}の放出や骨へのCa^{2+}の吸収により血液中のCa^{2+}濃度はほぼ一定に保たれている」と書いてあります。骨からCa^{2+}が放出されたり，Ca^{2+}が骨へ吸収されたりすると教えてくれています。

ところでこの実験ですが，「どこで？」での測定でしたか？ そう，**培養液中**ですね。すなわち，骨から Ca^{2+} が放出されれば培養液中の Ca^{2+} 濃度が増加し，Ca^{2+} の放出がなければ培養液中の Ca^{2+} 濃度は増加しないということになります。

(2) (イ)のように骨だけの場合は，ホルモンAの有無にかかわらず，培養液中の Ca^{2+} 濃度は増加しません。すなわち骨から Ca^{2+} は放出されません。また，(ハ)のように骨以外に骨芽細胞があっても結果は同じです。**骨芽細胞は骨からの Ca^{2+} の放出には関与していない**ようです。

(3) ホルモンAがあるときとないときとで結果が違っているのは，(ロ)の実験のときだけですね。(ロ)では骨以外に**破骨細胞**が入れてあります。

よって，**ホルモンAが働きかけるのは骨や骨芽細胞ではなく破骨細胞**だと判断できます。

ホルモンAがあれば骨からの Ca^{2+} 放出はあまり起こらず，ホルモンAがないと骨からの Ca^{2+} 放出が増加しています。**「鍵なしびっくり箱の法則」**の出番ですね!!

解答へのプロセス

(1) (ロ)の実験結果から，ホルモンAがあると骨からの Ca^{2+} 放出が抑制され，ホルモンAがないと Ca^{2+} 放出が促進されるので，**ホルモンAは Ca^{2+} 放出を抑制する**ように作用しているといえます。でも，ホルモンAが直接骨に対して Ca^{2+} 放出を抑制しているわけではありませんね。もしも，直接骨に対して働いているのであれば(イ)の実験でもホルモンAがないときに Ca^{2+} 放出がみられるはずです。

(2) **ホルモンAが作用するのは破骨細胞**でした。破骨細胞があってホルモンAがないときに，骨からの Ca^{2+} 放出が起こります。ということは，**破骨細胞が骨に対して Ca^{2+} 放出を促している**ということになります。

ホルモンAがあると Ca^{2+} の放出が抑制されるので，ホルモンAは破骨細胞に対して，**破骨細胞がもつ骨からの Ca^{2+} 放出を促す作用を抑制した**と考えることができます。

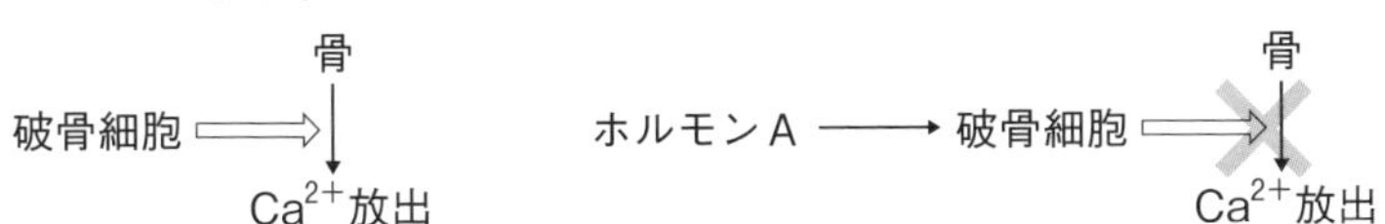

(3) 問われている内容は次の2つです。

① ホルモンAはどのようなときに分泌されるか

② ホルモンAはどのようにして血液中の Ca^{2+} 濃度を調節するか

(4) ①について考えてみましょう。

ホルモンAは，結果的に，

Ca^{2+} 放出を抑制する＝血液中の Ca^{2+} 濃度の上昇を抑える

ホルモンなので，ホルモンAが分泌されるのは**血液中の Ca^{2+} 濃度が上昇したとき**と考えられます。

(5) ②について考えてみましょう。

ホルモンAは**破骨細胞に作用する**こと，**破骨細胞による骨からの Ca^{2+} 放出を抑制する**こと，この2点について書きます。

ホルモンAは，血液中の Ca^{2+} 濃度が上昇したときに分泌される。ホルモンAは破骨細胞に働きかけ，破骨細胞による骨からの Ca^{2+} 放出を抑制することで，血液中の Ca^{2+} 濃度の上昇を抑制している。(85字)

重要例題15　ナトリウムポンプ

細胞内の種々の物質の濃度は，細胞を取り巻く体液とは異なるように維持されている。ヒトの赤血球を例にとると，細胞内は細胞外に比べてカリウムイオン(K^+)の濃度は高く維持されている。このような細胞のイオン濃度の調節のしくみを調べるために以下のような実験を行った。

実験1：取り出したヒトの赤血球を体液と同じイオン組成の溶液に浮遊させ，4℃で数日間放置すると，血球内の K^+ 濃度は減少した。そこで，温度を37℃に上げると，数時間で血球内の K^+ 濃度は増加した。しかし，37℃のままさらに数時間経過すると，血球内の K^+ 濃度は減少した。

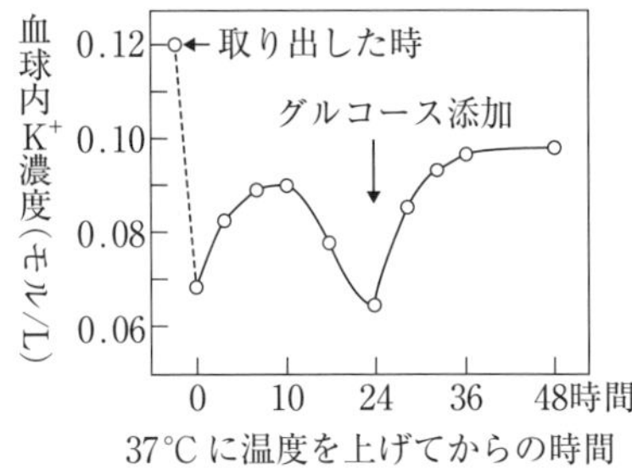

実験2：実験1に引き続き，赤血球の浮遊液にグルコースを加えたところ，血球内の K^+ 濃度が増加した。しかし，グルコースの代わりにATPを加えたのでは，効果がみられなかった。

問1　実験2でATPを加えたのでは効果がなかったのはなぜか。90字以内で説明せよ。

問2　実験2で，グルコースを加える代わりにピルビン酸を加えると血球内の K^+ 濃度はどのようになると予想されるか。100字以内で述べよ。　（阪大）

ここをチェック！

チェック❶ 材料はチェックしたか？

チェック❷「どこへ？」と突っ込みながら読んだか？

問題文はこう読む！

(1)　まず，**材料**は何でしたか？　そう，赤血球ですね。それも**ヒトの赤血球**です。すべての生物でというわけではありませんが，哺乳類の場合，赤血球は次のようにして生じます。まず，骨髄にある造血幹細胞が分裂し，一部が赤芽球になります。赤芽球にはふつうの細胞と同じように核やミトコンドリアなどもちゃんとあるのですが，この赤芽球から核やミトコンドリアなどの細胞小器官が除かれて赤血球となります。すなわち，**哺乳類の赤血球には核もミト**

コンドリアも存在しないのです。

(2) ミトコンドリアをもたない原核細胞でも，酸素を用いた呼吸を行うことができる場合もあります。それは，ミトコンドリアという細胞小器官がなくても，クエン酸回路や電子伝達系に必要な酵素や物質をもっているからです。

同様に，シアノバクテリアや紅色硫黄細菌，緑色硫黄細菌も原核生物で葉緑体はありませんが，光合成に必要な色素や酵素をもっているので光合成を行うことができます。

(3) ところが，赤血球の場合は，もともともっていたミトコンドリアが除かれてしまったので，ミトコンドリア内にあったクエン酸回路や電子伝達系に関与する物質も除かれてしまっているのです。したがって，**赤血球ではクエン酸回路や電子伝達系を行うことはできません。**

(4) では，どうやって生命維持に必要なATPを合成しているのでしょうか。

ミトコンドリアが除かれても，細胞質基質は残っています。**この細胞質基質で行われる解糖系(グルコース → ピルビン酸)によってのみATPを合成しているの**が赤血球なのです。

(5) もう1つ，物質を添加する問題で大事だったのは，物質を**「どこへ？」**添加したかでしたね(**STAGE 4**)。

実験2でグルコースやATPを加えているのは「培養液」です。すなわち，**細胞の外**なのです。細胞外に物質を加えた場合は，**その物質が細胞外からでも働けるかどうか，あるいはその物質が細胞膜を透過して細胞内に入れるかどうかによって解答が違ってきます。**

(6) これは重要な知識としてぜひ知っておかなければいけないのですが，細胞膜にはグルコースやピルビン酸を輸送するしくみはあるのですが，ATPを輸送するしくみはないのです。すなわち，**ATPは細胞膜を全く透過できない物質**なのです。またATPを用いるナトリウムポンプ(Na^+－K^+－ATPアーゼ)などは，細胞外にあるATPは利用できません。**細胞内にあるATPしか利用できない**のです。細胞内でグルコースを分解してATPを合成し，そのATPを用いてナトリウムポンプが働き，細胞内へK^+を，細胞外へNa^+を輸送します。

解答へのプロセス

問1 ナトリウムポンプが働くためにはATPが必要です。**実験2**では，そのATPを与えたのだから，ナトリウムポンプが働き，Na^+を細胞外に，K^+を細胞内に取り込む反応が起こるはずです。でも効果がなかったのは，**ナトリ**

ウムポンプに用いられるATPは細胞内にあるATPのみで，さらに**ATPは細胞膜を透過することができない**ので，細胞外である培養液にATPを添加しても細胞内に取り込むことはできず，**ナトリウムポンプに利用できなかった**からです。

解答には，「**ATPが細胞膜を透過できない**」こと，「**培養液に添加したATPは利用できない**」こと，「**ナトリウムポンプが働かない**」ことの3点について書けばOKです。

問2　用いている細胞がふつうの細胞であれば，ピルビン酸はクエン酸回路に用いられ，電子伝達系で多量のATPを合成するのに使われ，ナトリウムポンプは再開するはずです。でも，**用いた材料がヒトの赤血球である**ため，ピルビン酸は利用できず，ATPも合成できず，ナトリウムポンプは再開されません。その結果，血球内のK^+濃度の増加はみられません。

解答には「**ミトコンドリアがない**」こと，「**ピルビン酸が利用できない**」こと，「**ATPが合成できずナトリウムポンプが働かない**」こと，そのため，「**血球内のK^+濃度は増加しない**」ことの4点について書きます。

問1　ナトリウムポンプは細胞内のATPを利用するが，ATPは細胞膜を透過できない。そのため培養液に添加したATPを細胞内に取り込むことができず，ナトリウムポンプが働かなかったから。(87字)

問2　ヒトの赤血球にはミトコンドリアがなく，クエン酸回路に必要な物質も含まれないためピルビン酸を利用できず，ナトリウムポンプに必要なATPも合成されない。その結果，血球内のK^+濃度の増加はみられない。(96字)

重要例題 16 精子形成

マウス精巣にある精原細胞は，隣接する支持細胞であるセルトリ細胞からの制御を受けて，自己増殖と精子形成へ向けた分化を行う（図１）。精原細胞，セルトリ細胞のいずれに機能異常が起きても精子形成は正常に進行しない。精子形成に関与する遺伝子を明らかにするために，雄マウスが劣性遺伝により不妊を示す変異マウス系統Ａを調べた。その結果，不妊雄の精巣では精原細胞とセルトリ細胞は存在するが，精子形成へ向けた分化が行われていないことが明らかとなった。

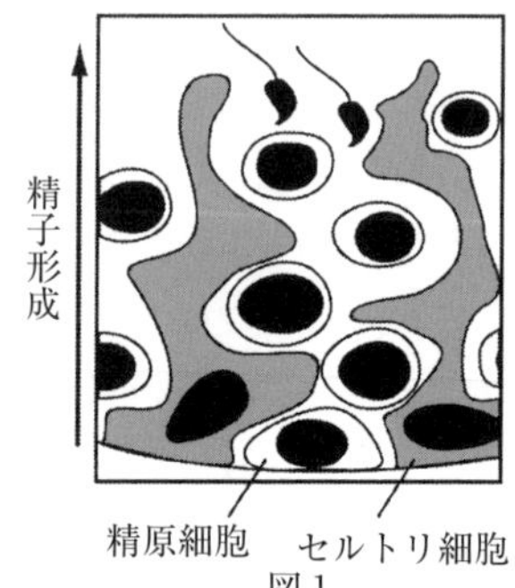

図１

変異マウス系統Ａと同様の表現型を示す変異マウス系統Ｂは，精原細胞に機能異常を示し，セルトリ細胞の機能は正常であることが明らかとなっている。変異マウス系統Ｂの不妊雄の精巣へ正常な機能をもつ精原細胞を移植すると，移植した細胞（ドナー細胞）は移植先の精巣（レシピエント精巣）に定着して精子形成が起こる。

同様の実験方法を用いて，変異マウス系統Ａの不妊雄で精原細胞とセルトリ細胞のどちらに機能異常があるかを調べることとする。変異マウス系統Ａの不妊雄が，⑴精原細胞に機能異常を示す場合，⑵セルトリ細胞に機能異常を示す場合，それぞれ表１に示すドナー細胞とレシピエント精巣のどの組合せで精子形成が起こることが予想されるか。表１の(あ)～(う)から選び，記号で記せ。なお，変異マウス系統Ａは精原細胞かセルトリ細胞のいずれか一方のみに機能異常を示すものとする。（京大）

表１

ドナー細胞 ＼ レシピエント精巣	変異マウス系統Ｂ精巣	変異マウス系統Ａ精巣
野生型精原細胞	精子形成あり	(あ)
変異マウス系統Ａ精原細胞	(い)	(う)

ここをチェック！

- チェック❶ ヒントの合図「なお，」・「また，」・「ただし，」はチェックしたか？
- チェック❷ 作用する側と作用を受ける側を意識してメモしたか？
- チェック❸「作用反作用の法則」を使えたか？

問題文はこう読む！

⑴ 問題文のいたるところにヒントがあります。まず，問題文の１～３行目を確認します。**「精原細胞は…セルトリ細胞の制御を受けて…精子形成へ向けた分化を行う」**とあります。

すなわち，**セルトリ細胞が作用する側，精原細胞が作用を受ける側**ということになります。この内容を次のようにメモしてみましょう。

⑵ 次に３～５行目を読みましょう。**「精原細胞，セルトリ細胞のいずれに機能異常が起きても精子形成は正常に進行しない」**のです。

「作用反作用の法則」で学んだ通り，**作用する側（セルトリ細胞）と作用を受ける側（精原細胞）の両方が正常でないと精子が形成されない**ということですね。

⑶ そして，変異マウス系統Ｂは**「精原細胞に異常を示し，セルトリ細胞の機能は正常」**です。メモしておきましょう！

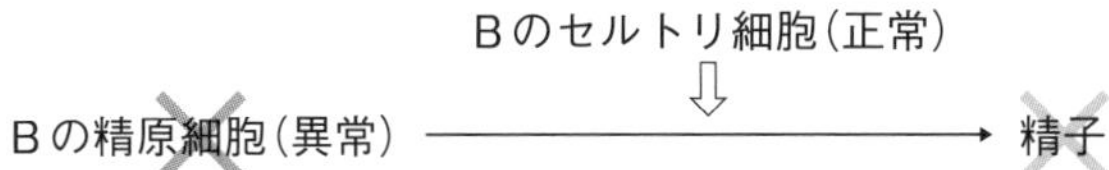

⑷ さらに，**「なお，」**があります。

「なお，変異マウス系統Ａは精原細胞かセルトリ細胞のいずれか一方のみに機能異常を示す」ということなので，両方に異常があることはないのです。一方に異常がある場合は，わざわざ書いていなくても，もう一方は正常ということです。

解答へのプロセス

⑴ 変異マウス系統Ａが**精原細胞に機能異常を示す**＝セルトリ細胞は正常，の場合について考えます。㈠～㈢をそれぞれ図にメモしてみましょう。

㈠ 次のようにメモできます。よって精子形成が行われると予想されます。

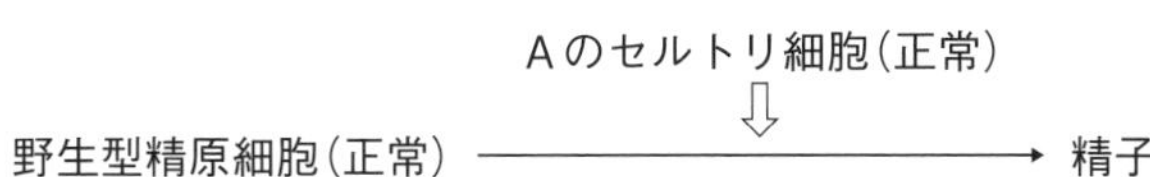

(い)　次のようになります。よって精子形成は行われません。

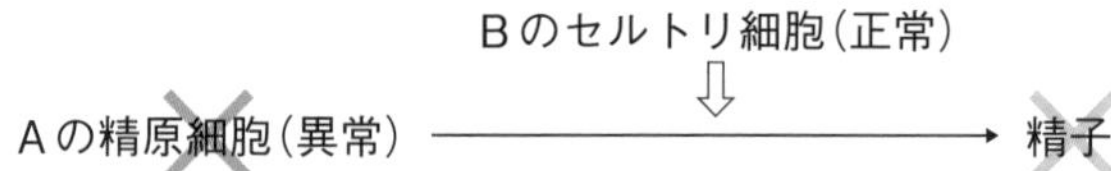

(う)　次の通りです。やっぱり精子は形成されません。

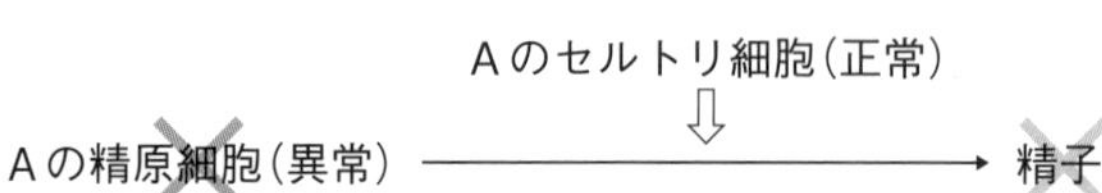

(2)　今度は，変異マウス系統Aが**セルトリ細胞に機能異常を示す**＝精原細胞は正常，の場合です。(1)と同じように，(あ)～(う)をそれぞれ図にメモしてみましょう。

(あ)　作用する側が正常でないので，精子は形成されません。

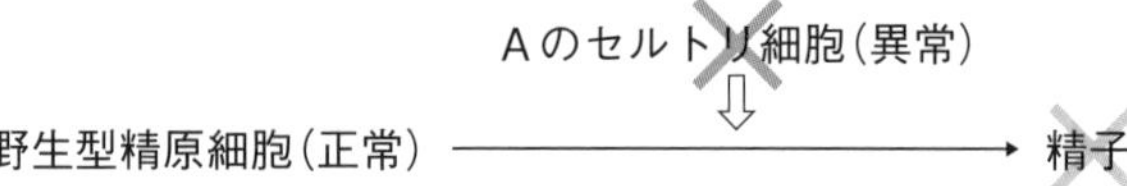

(い)　作用する側も作用を受ける側も正常です。精子形成は行われます。

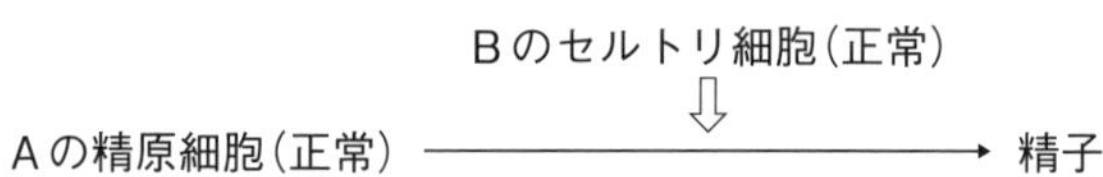

(う)　作用する側に異常があるので，精子は形成されません。

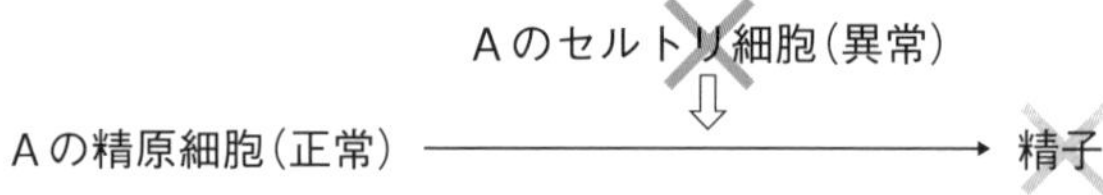

答えるのは，精子が形成される組合せですね。

(1)　(あ)　　(2)　(い)

重要例題 17 筋芽細胞の分化

図１は，脊椎動物の神経胚の横断面を模式的に示したものである。体節からは骨格筋や脊椎骨，真皮などが分化する。体節から骨格筋をつくる元になる細胞（筋芽細胞）が分化するしくみを調べる目的で以下の**実験１**と２を行った。

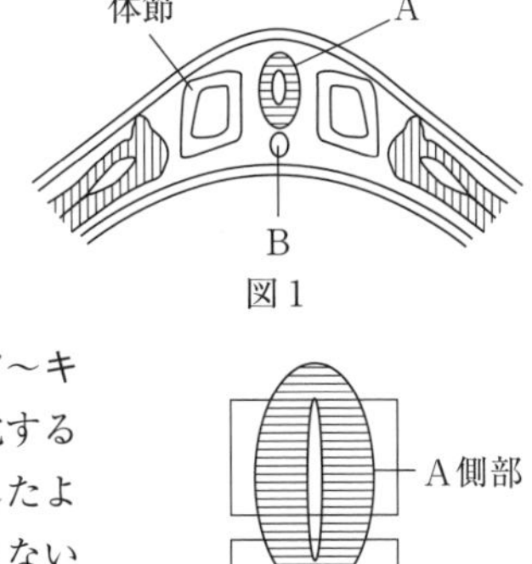

図１
図２

実験１　ニワトリの神経胚から体節と，図１のＡ，Ｂに示した部分を切り出して，それぞれを下表のア～キのように組合せて培養し，体節から筋芽細胞が分化するかどうかを調べた。なお，Ａについては図２に示したように，底部を切り出したもの（Ａ底部），底部を含まない側部を切り出したもの（Ａ側部）の２つの場合について実験を行った。表の○は組合せて培養に用いた組織を，×は用いなかった組織を示す。実験結果の欄で＋は筋芽細胞が分化したことを，－は筋芽細胞が分化しなかったことを示している。

実験２　**実験１**と同じ実験を，発生がさらに進んだ胚を用いて行った。

		ア	イ	ウ	エ	オ	カ	キ
実験１・２で用いた組織の組合せ	体　節	○	○	○	○	○	○	○
	Ａ底部	○	×	×	○	○	×	○
	Ａ側部	×	○	×	○	×	○	○
	Ｂ	×	×	○	×	○	○	○
実験１の結果	筋芽細胞の分化	－	－	－	－	－	－	＋
実験２の結果	筋芽細胞の分化	－	＋	－	＋	－	＋	＋

実験１，２の結果から，ニワトリ胚において，筋芽細胞が分化するしくみについて推論されることとして最も適当なものを，次の①～⑧から３つ選べ。

① 体節からの筋芽細胞の分化には，Ｂの作用が必要である。
② 体節からの筋芽細胞の分化には，Ｂはかかわっていない。
③ ＢはＡ底部に作用し，次にＡ底部がＡ側部に作用し，さらにＡ側部が体節に作用して，筋芽細胞を分化させる。
④ ＢはＡ側部に作用し，次にＡ側部がＡ底部に作用し，さらにＡ底部が体節に作用して，筋芽細胞を分化させる。
⑤ 発生の過程で，ＢはＡ側部を変化させるが，変化した状態を保つために，Ｂが常に存在する必要がある。
⑥ 発生の過程で，ＢはＡ側部を変化させるが，変化した状態を保つために，Ｂが常に存在する必要はない。

⑦　体節からの筋芽細胞の分化にはA側部はかかわっていない。
⑧　体節からの筋芽細胞の分化にはA底部はかかわっていない。　　　（センター試験）

ここをチェック！

チェック❶ 実験１と実験２の違いは理解できたか？

チェック❷「ツメダメの法則」が使えることを見抜けたか？

問題文はこう読む！

⑴　データがたくさんありますが，一度にボ～っと見ていないで，１つ１つ比較しながら考えていきましょう。

⑵　実験１で「＋」になっているのはキのみです。すなわち，体節から筋芽細胞が生じるのに，A底部・A側部・Bのすべてがそろっている必要があることがわかります。つまり，**体節が筋芽細胞に分化するには，これらからの働きかけ(誘導)が必要**なのだろうと推測されます。

⑶　実験２は実験１よりも発生がさらに進んだ胚を用いています。これは何を意味するのでしょうか。

たとえば，QがRをSに誘導し，生じたSがTをUに誘導するという現象があったとします(右図)。

Uが生じるためにはQとRが必要です。でも，QがRをSに誘導した後であれば，もうQとRは無くてもいいはずです。その場合でも，SやTは必要ですね。すなわち，発生が進む(反応が進む)と，最初の反応に関係するものは必要なくなりますが，反応が進んでもより後ろの反応に関係するものはまだまだ必要だといえます。**ツメの反応に関係するものは最後まで必要**なのです。これも**「ツメダメの法則」**と同じ考えが使えますね。

⑷　実験１では「－」だったのに，発生が進んだ胚を用いた実験２で「＋」になっているのはイ・エ・カの３つです。この３つに共通しているのは…？　ということは…？　さあ！　見えてきましたね。

解答へのプロセス

⑴　イ・エ・カの３つに体節以外で共通して存在しているのは，**A側部**です。

発生が進んでもA側部は必要なので，**最終的に体節に対して筋芽細胞を分化させるように働いているのはA側部**と判断できます。

(2) 逆に，発生が進んだ実験2で「－」になっている場合の共通点を見てもいいでしょう。実験2で「－」になっている場合の共通点は，**いずれもA側部がない**ことです。A側部がないとダメなので，**「ツメダメの法則」**より**A側部が最後に必要な組織**だと判断できます。

(3) しかし，実験1では，A側部があってもA底部やBがないと筋芽細胞は分化しません。つまり，**A底部やBも筋芽細胞の分化に間接的には関与している**のです。よって，**①は正しい**，**②は誤り**，**⑦は誤り**，**⑧も誤り**とわかります。

すなわち，A側部は最初から体節を筋芽細胞へと誘導する能力があるのではなく，他の組織から働きかけられることで誘導能力を獲得すると考えられます。では，どの組織がA側部に働きかけたのでしょうか。

(4) そこで，**図1がヒント**になります。そのためにわざわざ図1があるのです。A側部に一番近いのはもちろんA底部ですね。そのA底部の近くにBがあります。**離れているものに対しては働きかけることができません。**近いものに働きかけるはずです。ということから，**まず最初に働くのはBで，Bが近くにあるA底部に働きかける**のだと考えられます。Bから働きかけを受けたA底部が，接しているA側部に働きかけます。その結果，A側部が近くの体節に働きかけて筋芽細胞への分化を誘導したと判断できますね。よって，**③が正しく**，**④は誤り**とわかります。

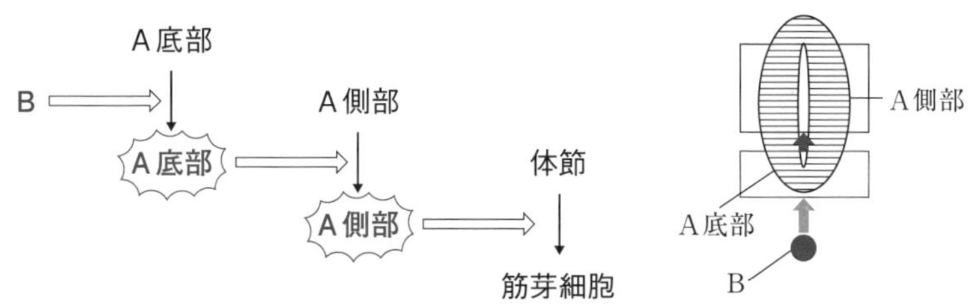

(5) 実験2では，Bが存在しないイやエでも筋芽細胞が分化しているので，発生が進めばもうBは必要ないとわかります。よって，**⑤は誤り**，**⑥は正しい**ですね。名称が思い出せなくても解答はできますが，念のために，Aは神経管，Bは脊索です。

答 ①，③，⑥

重要例題 18 ヒトデの卵成熟

成熟したヒトデの卵巣の中には，濾胞細胞に取り囲まれた状態のまま減数分裂第一分裂前期で停止している卵母細胞がある。卵巣からその卵母細胞だけを取り出したものが右図のAで，前期の特徴である大きな核(卵核胞)をもち，海水中に放置しておいても全く変化しなかった。一方，ヒトデの卵巣を，放射状神経からの抽出液を含む海水に浸すと，核膜の消えた卵母細胞(図B)が卵巣から放出された。Bでは停止していた減数分裂が再開されていた。しかしAのような卵母細胞をこの海水に入れても核膜は消えず，減数分裂第一分裂前期のままであった。

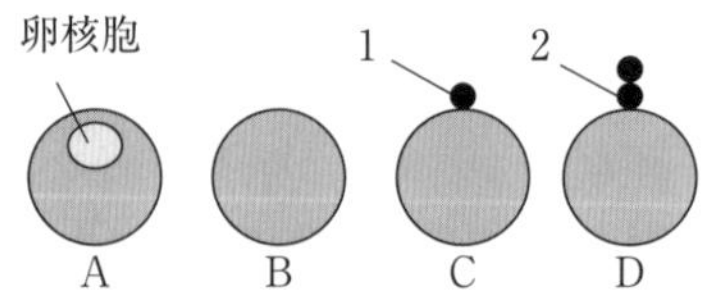

ヒトデにおいて，減数分裂第一分裂前期で停止している卵母細胞に作用して，減数分裂の進行を再開させる物質は1-メチルアデニンという物質であることがわかっている。実際Aのような卵母細胞も1-メチルアデニンを含む海水に浸すと，減数分裂を再開し，Bの状態になった。Bの状態にある卵母細胞は減数分裂を続け，しばらくすると小さな細胞(図Cの１)を放出し，さらに同じような小さな細胞(図Dの２)を放出して卵となった。

問1 卵巣内で卵の形成に関与する細胞は，卵母細胞自体と濾胞細胞しかないと考えてよい。では，放射状神経の抽出物は，どの細胞にどのような働きをしたと考えられるか40字以内で述べよ。ただし，抽出物に含まれる成分は変化しないものとする。

問2 1-メチルアデニンの働き方を詳しく調べるために，次の実験ア～ウを行い結果を得た。これらの結果から，1-メチルアデニンは，卵母細胞のどこに働き，その結果，卵母細胞の細胞質に何が起こると考えられるか。60字以内で述べよ。

ア．1-メチルアデニンをAのような卵母細胞内に注入したが，何の変化もみられず，減数分裂第一分裂前期で停止したままであった。

イ．1-メチルアデニンを含む海水に浸されてBの状態になった卵母細胞から細胞質を吸い出し，Aのような卵母細胞に注入すると，減数分裂が再開された。

ウ．1-メチルアデニンを含む海水に浸されてBの状態になった卵母細胞から細胞質を吸い出し，その細胞質を含む海水にAのような卵母細胞を浸しても減数分裂は再開しなかった。 (九大)

ここをチェック！

チェック❶ 物質が「どこへ」加えられたかを意識してメモできたか？

チェック❷ 問われている内容にきちんと解答できたか？

問題文はこう読む！　～問１～

⑴　問題文１～３行目に「**卵巣の中には，濾胞細胞に取り囲まれた状態の…卵母細胞がある**」と書いてあります。卵巣中では，卵母細胞の周囲に濾胞細胞があるのですね。

⑵　問題文５～６行目の「**右図のＡで，…海水中に放置しておいても全く変化しなかった**」に**下線を引き**，下線部㋐とします。これをメモします！

⑶　問題文７～８行目の「**ヒトデの卵巣を，放射状神経からの抽出液を含む海水に浸すと，…停止していた減数分裂が再開**」これを下線部㋑とします。

下線部㋐はＡの細胞のみの実験，下線部㋑は卵巣を用いているのでＡの周囲に濾胞細胞がある状態での実験です。これもメモしましょう！

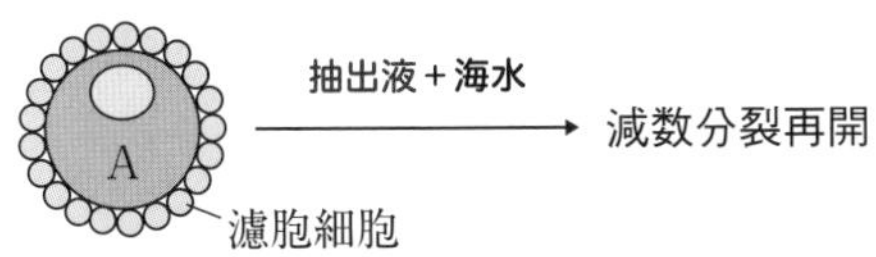

⑷　問題文８～10行目の「**しかしＡのような卵母細胞をこの海水に入れても…減数分裂第一分裂前期のままであった**」これを下線部㋒とします。これもメモします！

⑸　問題文11～14行目の「**卵母細胞に作用して，減数分裂の進行を再開させる物質は1-メチルアデニンという物質で…実際Ａのような卵母細胞も1-メチルアデニンを含む海水に浸すと，減数分裂を再開**」これを下線部㋓とします。メモしましょう！

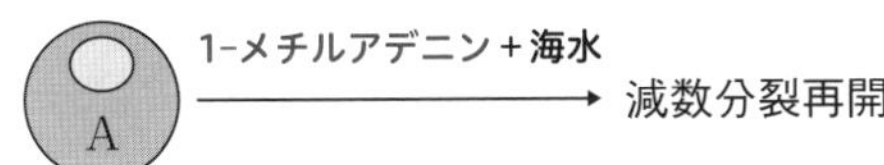

解答へのプロセス　～問１～

問１　問われている内容が２つあることを読み取れましたか？ 問われているのは，放射状神経の抽出物(以下Xとする)が，

① どの細胞に働いたか

② どのような働きをしたか

の２点です。

下線部(あ)より，Aを海水に浸しているだけでは減数分裂は再開されません。また下線部(う)より，AにXを与えても減数分裂は再開されません。でも，下線部(い)より，**Aの周囲に濾胞細胞があると，Xによって減数分裂が再開**されます。ということは，Xが働きかける相手はAではなく濾胞細胞です。①の答えは**「濾胞細胞に」**です。

Xが働きかける細胞は濾胞細胞ですが，減数分裂を再開するのはAです。ということは，**濾胞細胞がAに減数分裂を再開するよう働きかけている**とわかります。そこで下線部(え)です。濾胞細胞がなくても，1-メチルアデニン(以下メアとする)があるとAは減数分裂を再開できるのです。下線部(い)ではメアを与えていないのに減数分裂が再開しました。ということは下線部(い)では濾胞細胞からメアが分泌され，これがAに命令を与えたと考えられます。

X ⟹ 濾胞細胞 $\overset{\text{メア}}{\Longrightarrow}$ A（減数分裂再開）

よって，②の答えは**「メアの分泌を促した」**です。

問題文はこう読む！　～問２～

(1)　問２で登場した実験をメモしましょう。

ア．メアをAのような卵母細胞内に注入したが，何の変化もみられず，減数分裂第一分裂前期で停止したままであった。

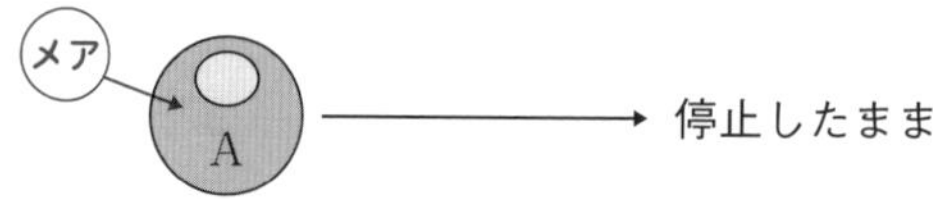

よって，**メアは細胞内で働く物質ではない**とわかります。

イ．メアを含む海水に浸されてBの状態になった卵母細胞から細胞質を吸い出し，Aのような卵母細胞に注入すると，減数分裂が再開された。

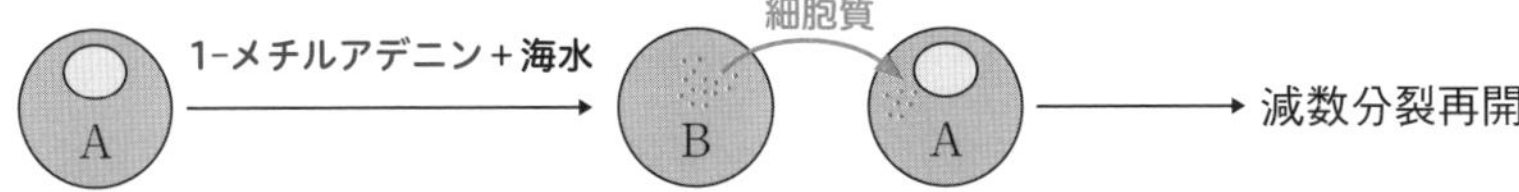

よって，**Bの細胞質中には減数分裂を再開させる物質が存在している**ことがわかります(この物質をYとします)。

ウ．メアを含む海水に浸されてBの状態になった卵母細胞から細胞質を吸い出し，その細胞質を含む海水にAのような卵母細胞を浸しても減数分裂は再開しなかった。

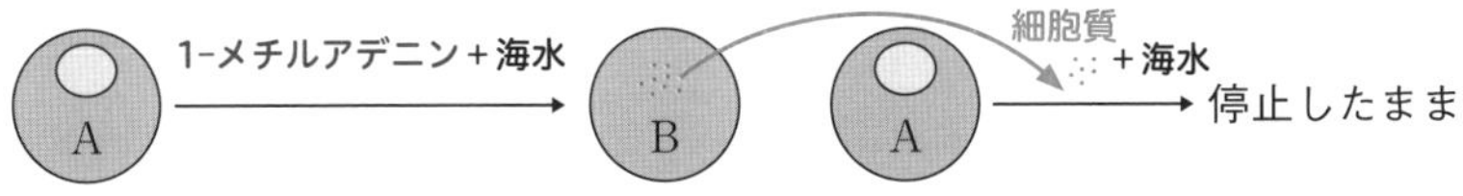

よって，**Yは細胞外から働きかける物質ではない**とわかります。

(2) メアは細胞外から働きかけるので，メアとYは別の物質です。よって，**メアの作用で細胞質中にYが生じ，Yが減数分裂を再開させた**と考えられます。

解答へのプロセス　～問２～

問２　問２で問われている内容は，

① 1-メチルアデニンは卵母細胞のどこに働いたか

② その結果，卵母細胞の細胞質に何が起こるか

の２点です。ホルモンなどもそうですが，何か物質が作用するためには，その物質と結合する受容体が必要になることが多いですね。その受容体は細胞膜にある場合と細胞内にある場合の２通りがあります。メアは細胞内ではなく細胞外からAに働きかけるので，**メアの受容体は細胞膜に存在する**と考えられます。①は「どこに」働いたかなので，**「細胞膜」**と答えます。

メアがAの細胞膜にある受容体と結合した結果，メアとは別のYが生じ，これが減数分裂を再開させます。よって，②の卵母細胞の細胞質に何が起こるかの答えは，**「減数分裂を再開させる物質が細胞質中に生じる」**です。

答

問１　濾胞細胞に働きかけ，濾胞細胞からの1-メチルアデニンの分泌を促した。(33字)

問２　1-メチルアデニンは，卵母細胞の細胞膜に働き，その結果，卵母細胞の細胞質に減数分裂を再開させる物質を生じさせる。(55字)

重要例題 19　遺伝子発現の調節

ある生物由来の細胞Pでは，遺伝子Xからタンパク質xが合成される。遺伝子Xの発現は，遺伝子Xの近傍にある転写調節領域Y1～Y3によって調節されており，3種類の調節タンパク質z1～z3がかかわっている。z1はY1，z2はY2，z3はY3のみにそれぞれ結合する。転写調節領域に結合した調節タンパク質z1～z3のそれぞれは，転写の開始あるいは抑制のどちらかのみの決まった作用をもつ。細胞Pと同じ生物由来だが，細胞Pとは別の3種類の細胞Q，R，Sについて調べてみると，細胞RとSでもタンパク質xは合成されていたが，細胞Qでは合成されていなかった。そこで，細胞の種類の違いによって遺伝子Xの発現が異なるしくみを調べるために実験を行った。

遺伝子Xの代わりに蛍光タンパク遺伝子を組み込み，蛍光タンパク質の合成の有無を調べた。さらにY1～Y3のいずれかを欠損させたものについても同様に行った。その結果下図のようになった。また，Y1～Y3のすべてが欠損している場合には，蛍光タンパク質の合成は起こらなかった。

DNA上の配置	細胞P	Q	R	S
Y1　Y2　Y3　遺伝子X	○	×	○	○
Y1　Y2　Y3　蛍光タンパク遺伝子	○	×	○	○
Y1　蛍光タンパク遺伝子	○	×	×	○
Y2　蛍光タンパク遺伝子	×	○	○	○
Y3　蛍光タンパク遺伝子	×	×	×	×
Y2　Y3　蛍光タンパク遺伝子	×	×	○	○

図　遺伝子X，蛍光タンパク遺伝子，転写調節領域の配置，およびタンパク質の合成の有無

図の1段目は，遺伝子Xとその転写調節領域Y1～Y3のDNA上の配置と，細胞P～Sでのタンパク質xの合成の有無を示す。2～6段目は，実験に使用した組換えDNAの一部と，これらをそれぞれ細胞P～Sに導入したときの，蛍光タンパク質の合成の有無を示す。
○は「合成あり」，×は「合成なし」を示す。

z1～z3は，それぞれどの細胞でつくられ，それぞれY1～Y3に結合することで遺伝子Xの転写を促進するか抑制するか答えよ。　（北里大）

ここをチェック！

チェック❶ 対照実験を見極められたか？

チェック❷「鍵なしびっくり箱の法則」が登場するのを見抜けたか？

チェック❸ ヒントの合図「なお，」・「また，」・「ただし，」はチェックしたか？

問題文はこう読む！

(1) まずY1の作用についてみていきましょう。

① 細胞Pについて

2段目　Y1 + Y2 + Y3で○

6段目　　　　Y2 + Y3で×

よって，Y1がないと転写が行われないので，**細胞Pではz1がY1に結合すると転写を促進する**とわかります。

② 細胞Qについて

2段目　Y1 + Y2 + Y3で×

6段目　　　　Y2 + Y3で×

よって，細胞QではY1があってもなくても結果が変わらないので，**細胞QではY1は関与していない**とわかります。←「無関係無反応の法則」

③ 細胞R，および，細胞Sについて

2段目　Y1 + Y2 + Y3で○

6段目　　　　Y2 + Y3で○

よって，Y1がなくても転写が行われますが，これに関しては次の2通りの可能性があります。

可能性1：Y1なしでも勝手に転写が行われる。

可能性2：Y1以外のY2あるいはY3が転写を促進している。

④ そこで，もう1組，Y1の有無以外が同じ条件になっている実験を探しましょう。え？ そんな実験ないよ。…そこでヒントの合図の登場です！

「また，Y1～Y3のすべてが欠損している場合には蛍光タンパク質の合成は起こらなかった。」

すなわち，3段目と，この**「また,」**の内容とを比較すればよいのです！

(2) Y2の作用を調べるには，Y2の有無以外同じ条件の実験を探します。5段目と6段目および4段目と「また,」を比較すればよいことは見抜けましたか？

(3) では，Y3の作用を調べるには？

Y3の有無以外同じ条件の実験は…？ 4段目と6段目の比較，および5段目と「また,」の比較で調べられますね！

解答へのプロセス

(1) Y1についてまとめます。

		P	Q	R	S
2段目	Y1 + Y2 + Y3	○	×	○	○
6段目	Y2 + Y3	×	×	○	○

⇒ z1は**細胞P**でつくられ，z1がY1に結合すると遺伝子Xの転写を**促進**するとわかります。

		P	Q	R	S
3段目	Y1	○	×	×	○
「また,」(何もなし)		×	×	×	×

⇒ QとRではY1があってもなくても転写が行われないので，QとRではY1は関与していないとわかります。

⇒ PとSではY1がないと転写が行われず，Y1があると転写が行われています。すなわち，PとSではY1の働きで転写が促進されるとわかります。

⇒ z1は**細胞S**でもつくられ，転写を**促進**することがわかります。

(2) Y2の作用を調べます。

		P	Q	R	S
5段目	Y3	×	×	×	×
6段目	Y2 + Y3	×	×	○	○

⇒ RとSでは，Y2がないと転写されませんがY2があると転写されます。

⇒ **細胞RとS**ではz2がつくられ，Y2に結合して遺伝子Xの転写を**促進**すると判断できます。

		P	Q	R	S
4段目	Y2	×	○	○	○
「また,」(何もなし)		×	×	×	×

⇒ Y2があってもなくても転写されない細胞PではY2は関与していないと判断できます。

⇒ **細胞Q**でもz2はつくられ，転写を**促進**しているとわかります。

(3) Y3の作用を調べます。

		P	Q	R	S
4段目	Y2	×	○	○	○
6段目	Y2 + Y3	×	×	○	○

⇒ PではY3は関与しません。

⇒ QでY3がないと転写されるのに，Y3があると転写されません。**すなわ**

ち，Y3 がなくなると転写が行われるようになったのです。これは「**鍵なしびっくり箱の法則**」ですね。**Y3 は転写を抑制していた**のだと判断できます。

⇒ Y3 の作用が抑制とわかったので，Y3 があっても転写が行われる R や S では Y3 が関与していないと判断できます。

⇒ z3 は**細胞 Q** でのみつくられ，Y3 に結合することで遺伝子 X の転写を**抑制**するとわかります。

	P	Q	R	S
5段目　Y3	×	×	×	×
「また，」(何もなし)	×	×	×	×

⇒ 5段目において Q で転写されないのは Y3 が抑制しているからです。「また，」において Q で転写されないのは，Q において転写を促進する Y2 がないからです。

結果的に，細胞 Q では z2 と z3 がつくられ，z2 は促進，z3 は抑制に作用します。でも問題文の 7 行目にあるように，「タンパク質 x は…細胞 Q では合成されていなかった」ので，z3 による抑制作用のほうが強いと判断することができます。

	つくられる細胞	遺伝子 X の転写
z1：	P と S	促進する
z2：	Q と R と S	促進する
z3：	Q のみ	抑制する

重要例題20 生殖細胞形成

マウスの発生における雌雄の違いは，受精後12日目前後の生殖腺の体細胞に現れる。雄ではY染色体上の遺伝子Zの働きにより，生殖腺が精巣へ分化する。一方，Y染色体のない雌の生殖腺は卵巣に分化する。受精後12日目には生殖細胞の発生にも雌雄差が現れ，雌の生殖細胞は減数分裂を起こすが，雄の生殖細胞は体細胞分裂のG_1期で停止する。

生殖細胞の発生の雌雄差に与える生殖腺の影響を調べるために，下の図に示す**実験1〜6**を行った。**実験1**と**実験2**では，雌または雄の受精後11日目の生殖腺から取り出した生殖細胞を単独で培養した。**実験3**と**実験4**では，雌または雄の受精後11日目の生殖腺から取り出した生殖細胞を異性の生殖腺に移植した。**実験5**と**実験6**では，雌または雄の受精後12日目の生殖腺から取り出した生殖細胞を異性の生殖腺に移植した。2日後に観察した結果，生殖細胞は図に示すようにG_1期で停止するか，減数分裂した。

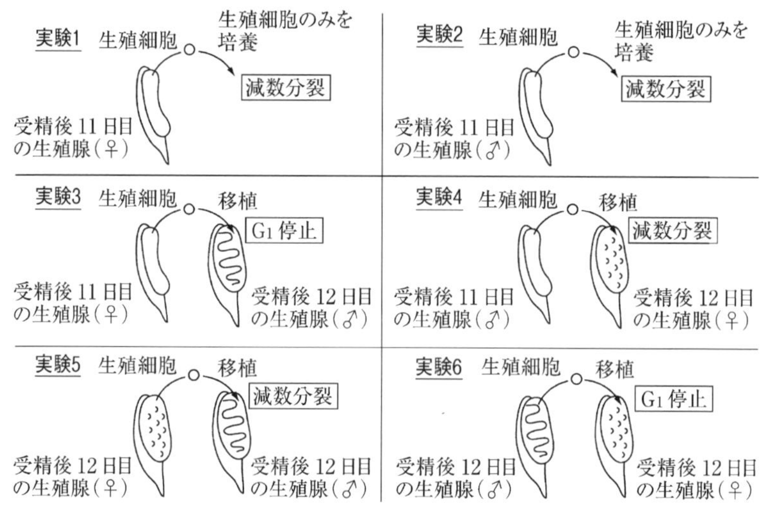

問1 受精後13日目の雌の生殖細胞を受精後12日目の雄の生殖腺に移植すると，その生殖細胞はどのようになるか。予想される結果と，その結果が得られる理由を100字程度で記述せよ。

問2 遺伝子Zの働きを受精後12日目の胚(XY個体)の生殖細胞のみでなくした。この生殖細胞を，受精後12日目の雌の生殖腺に移植した。この実験において予想される結果と，その結果が得られる理由を100字程度で記述せよ。

(京大)

ここをチェック！

チェック❶ 実験の目的を確認したか？

チェック❷ 作用する側と作用を受ける側を意識してメモしたか？

チェック❸「作用反作用の法則」を使えたか？

問題文はこう読む！

(1) 問題文の6行目に，実験の目的が書いてありました。「**生殖細胞の発生の雌雄差に与える生殖腺の影響を調べるため**」ですね。

生殖腺と生殖細胞を混同しないようにしましょう。**生殖腺は精巣や卵巣**のことで，その中に生じる**精子や卵が生殖細胞**です。「生殖細胞の発生に生殖腺が影響を与える」と書いてあるので，**生殖腺が作用する側，生殖細胞が作用を受ける側**です。

(2) 4〜5行目をチェックしましょう。「**雌の生殖細胞は減数分裂を起こすが，雄の生殖細胞は体細胞分裂のG_1期で停止する**」のです。作用する側も考えると次のようにメモできます。

生殖腺(♀)
⇩
生殖細胞(♀) ──→ 減数分裂

生殖腺(♂)
⇩
生殖細胞(♂) ──→ G_1期で停止

(3) それでは，**実験1**から順にメモしていきましょう！

① 実験1

実験1：受精後11日目に，雌の生殖腺から取り出した生殖細胞(♀)を，単独で培養すると，減数分裂が起こった。

11日目の生殖細胞(♀) ──→ 減数分裂

生殖腺(♀)の作用を受けないのに，生殖細胞(♀)は減数分裂を行ったのです。可能性は次の2通りが考えられます。

仮説1：受精後11日目までに，すでに生殖腺(♀)から減数分裂するように命令を受けていた(減数分裂するように運命が決定していた)。

仮説2：生殖腺から命令されなくても，もともと生殖細胞には減数分裂を行う能力があった。(この場合は，「雌の生殖腺が減数分裂を行うよう命令したのではない」とも言えます。)

② 実験2

実験2：受精後11日目に，雄の生殖腺から取り出した生殖細胞(♂)を，単独で培養すると，減数分裂が起こった。

11日目の生殖細胞(♂) ――――→ 減数分裂

本来なら生殖細胞(♂)はG_1期で停止するはずです。それなのに，減数分裂を行ったということは…？

この場合，生殖細胞を単独で培養しているので，生殖腺の影響を受けません。**生殖腺からの作用を受けない場合は，勝手に減数分裂してしまう**ということになります(仮説2の可能性が大きくなりました！)。

③ 実験3

実験3：受精後11日目の雌の生殖腺から取り出した生殖細胞(♀)を，受精後12日目の雄の生殖腺に移植すると，G_1期で停止した。

12日目の生殖腺(♂)
⇩
11日目の生殖細胞(♀) ――――→ G_1期で停止

生殖細胞(♀)は単独では(生殖腺からの作用を受けなければ)減数分裂を行ったのに(**実験1**)，雄の生殖腺の作用を受けるとG_1期で停止したのです。このことから，仮説1「受精後11日目までに，すでに生殖腺(♀)から減数分裂するように命令を受けていた(減数分裂するように運命が決定していた)。」は誤りだとわかります。

すなわち，**生殖細胞は生殖腺から命令されなければ勝手に減数分裂を行う**のです。したがって，雌の生殖腺は「減数分裂しなさい！」と命令していたのではなく，**雌の生殖腺は生殖細胞に対して，もともと作用していなかった**のです。

一方，**雄の生殖腺は生殖細胞に対して「G_1期で止まれ」と命令していた**と考えられます。

④ 実験4

実験4：受精後11日目の雄の生殖腺から取り出した生殖細胞(♂)を，受精後12日目の雌の生殖腺に移植すると，減数分裂が起こった。

12日目の生殖腺(♀)
⇩
11日目の生殖細胞(♂) ――――→ 減数分裂

雌の生殖腺は，生殖細胞に対して「減数分裂しなさいと命令した」と考えたくなりますが，**実験2**にあったように，生殖腺から命令されなくても生殖細胞は勝手に減数分裂を行うのでしたね。この場合も雌の生殖腺が命令したから減数分裂をしたのではなく，**命令されなかったから勝手に減数分裂した**と考えられます。

⑤ **実験5**

実験5：受精後12日目の雌の生殖腺から取り出した生殖細胞(♀)を，受精後12日目の雄の生殖腺に移植すると，減数分裂が起こった。

12日目の生殖腺(♂)
⇩
12日目の生殖細胞(♀) ――――→ 減数分裂

実験3から，12日目の雄の生殖腺は生殖細胞に対して「G_1期で止まれ」と命令する能力があるはずです。しかし，12日目の生殖細胞(♀)は命令を聞かず，減数分裂を行いました。ということは，**受精後11日目の生殖細胞には命令を受容する能力があったのに，12日目になるともう命令を受容しなくなった**ということになります。これも**「作用反作用の法則」**ですね。

そして，もともと生殖細胞は命令されなかったら(あるいは命令を受け取らなかったら)勝手に減数分裂を行うのでしたね。

⑥ **実験6**

実験6：受精後12日目の雄の生殖腺から取り出した生殖細胞(♂)を，受精後12日目の雌の生殖腺に移植すると，G_1期で停止した。

12日目の生殖腺(♀)
⇩
12日目の生殖細胞(♂) ――――→ G_1期で停止

雄の生殖腺から取り出した生殖細胞(♂)を雌の生殖腺に移植するという点では，**実験4**と同じです。違うことところは，**取り出した生殖細胞が受精後11日目か12日目かだけ**です。

受精後11日目の生殖細胞は勝手に減数分裂したのに，受精後12日目ではG_1期で停止したということは，受精後11日目の生殖細胞はまだ生殖腺(♂)から「G_1期で止まれ」と命令されていなかったけれど，**12日目の生殖細胞は生殖腺から「G_1期で止まれ」と命令されていた**，ということですね。

解答へのプロセス

問1 実験5で明らかになったように，受精後12日目の雌の生殖細胞ではすでに減数分裂を行うことが決定していて，生殖腺からの働きかけを受容しなくなっています。その生殖細胞を12日目の雄の生殖腺(G_1期で停止しろ！と命令する能力をもつ)に移植しても，**命令を受容する能力がない**ので，実験5と同じように，減数分裂を行うと考えられます。

① **受精後12日目の雌の生殖細胞は，生殖腺からの作用に応答しないこと**

② **生殖腺からの作用に応答しないと，減数分裂を行うこと**

この2点について書けばOKです。

問2 遺伝子Zは問題文の2～3行目に登場します。「**雄ではY染色体上の遺伝子Zの働きにより，生殖腺が精巣へ分化する。一方，Y染色体のない雌の生殖腺は卵巣に分化する。**」すなわち，Y染色体上のZ遺伝子の作用を受けると精巣に，受けなければ勝手に卵巣になるということです。

問2では，**遺伝子Zの働きを生殖細胞のみ(生殖腺ではなく！)でなくした**のです。遺伝子Zは生殖腺を精巣に分化させる働きがありますが，**生殖細胞には影響しません**。よって，受精後12日目の雄の生殖腺は正常通り「G_1期で停止しろ！」と生殖細胞(♂)に命令し，その命令を受けた生殖細胞(♂)は，実験6と同じく，受精後12日目の雌の生殖腺に移植されても，予定通りG_1期で停止すると考えられます。

① **遺伝子Zの働きが生殖細胞でなくなっても，生殖腺は正常に分化すること**

② **受精後12日目の雄の生殖細胞は，すでにG_1期で停止することが決まっていること**

この2点を踏まえて書けばOKです。

問1 実験5で，12日目の雌の生殖細胞は雄の生殖腺からのG_1期で停止させる作用に応答せず減数分裂を行った。よって13日目の雌の生殖細胞も生殖腺からの作用には応答せず，実験5と同じく減数分裂を行うと考えられる。(98字)

問2 遺伝子Zの働きを生殖細胞のみでなくしても生殖腺の分化には影響しない。12日目の雄の生殖腺からG_1期で停止するよう作用を受けた生殖細胞は，実験6と同じく雌の生殖腺に移植されてもG_1期で停止すると考えられる。(102字)

第3編

思考力を鍛える実戦問題

ベスト20

調節遺伝子の発現パターンと誘導

ある種の昆虫の受精卵では，はじめは核だけが分裂する。分裂した核は受精卵(胚)の表面に移動し，その後，それぞれの核の間が細胞膜で仕切られ１つ１つの細胞ができる。それぞれの細胞は，受精卵の前後軸に沿って，異なる運命に決定される。その運命決定の過程は，前後軸に沿って異なるパターンで発現する調節遺伝子が他の調節遺伝子の発現を制御することで進んでいく。遺伝子Ｘが遺伝子Ｙの発現を誘導または抑制する場合，遺伝子Ｘは遺伝子Ｙに対し上流に位置するという。また，遺伝子Ｘが遺伝子Ｙの発現を誘導することをＸ→Ｙと表し，遺伝子Ｘが遺伝子Ｙの発現を抑制することをＸ⊣Ｙと表すことにする。調節遺伝子間の制御関係に関して，次の**実験１～４**を行った。図は昆虫の胚を表し，斜線部は該当する遺伝子の発現がみられる領域を表す。「無」と記した領域では該当する遺伝子の発現がみられない。

実験１：調節遺伝子Ａ～Ｃの発現のパターンを調べたところ，図１のａ～ｃのようであった。次に，遺伝子Ａが欠失した変異体で遺伝子Ｂの発現を調べたところ，図１ｄのように全く発現がみられなかった。逆に，遺伝子Ｂが欠失した変異体で遺伝子Ａの発現を調べたところ，野生型と同じパターンで発現していた。

実験２：遺伝子Ａが欠失した変異体で遺伝子Ｃの発現を調べたところ，図１ｅのように胚の全体で発現していた。逆に，遺伝子Ｃが欠失した変異体で遺伝子Ａの発現を調べたところ，野生型と同じパターンで発現していた。

ａ．遺伝子Ａの発現のパターン

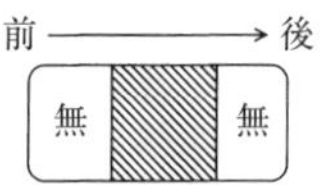

ｂ．遺伝子Ｂの発現のパターン

ｃ．遺伝子Ｃの発現のパターン

ｄ．遺伝子Ａが欠失した変異体での遺伝子Ｂの発現のパターン

ｅ．遺伝子Ａが欠失した変異体での遺伝子Ｃの発現のパターン

ｆ．遺伝子Ｃが欠失した変異体での遺伝子Ｂの発現のパターン

図１

実験３：遺伝子Ｃが欠失した変異体で遺伝子Ｂの発現を調べたところ，図１ｆのように胚の全体で発現していた。また，遺伝子Ｃを胚の全体で発現させると遺伝子Ｂの発現は全くみられなかった。このとき，遺伝子Ｃの発現量は遺伝子Ａの発現量と同程度であった。

実験４：遺伝子Ｄ～Ｆは図２のａ～ｃのように発現している。遺伝子Ｅが欠失した変異体で遺伝子Ｄの発現を調べたところ，図２ｄのように全く発現がみられなかった。逆に，遺伝子Ｅを胚の全体で発現させると，遺伝子Ｄの発現は図２ｅのようになった。また，遺伝子Ｆが欠失した変異体で遺伝子Ｄの発現を調べたところ，図２

ｆのようになった。逆に，遺伝子Ｆを胚の全体で発現させると，図２ｇのように遺伝子Ｄの発現が全くみられなかった。

ただし，実験１～４において，これらの遺伝子の発現の調節関係は胚全体で同じであるとする。

問１　実験１の結果から考えて，遺伝子Ａは遺伝子Ｂの発現を誘導するか，または抑制するか。→または⊣を用いて記せ。

問２　実験２の結果から考えて，遺伝子Ａは遺伝子Ｃの発現を誘導するか，または抑制するか。→または⊣を用いて記せ。

ａ．遺伝子Ｄの発現のパターン

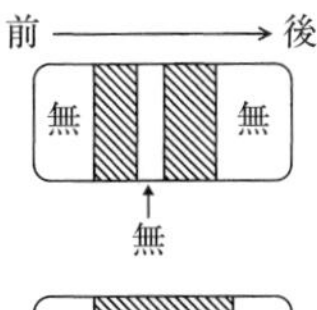

ｂ．遺伝子Ｅの発現のパターン

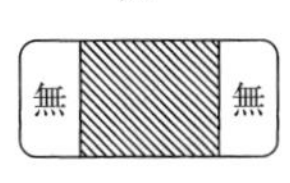

ｃ．遺伝子Ｆの発現のパターン

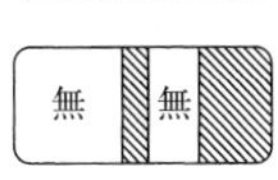

ｄ．遺伝子Ｅが欠失した変異体での遺伝子Ｄの発現のパターン

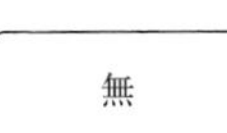

ｅ．遺伝子Ｅを胚の全体で発現させた場合の遺伝子Ｄの発現のパターン

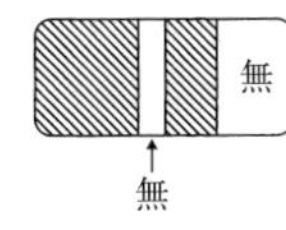

ｆ．遺伝子Ｆが欠失した変異体での遺伝子Ｄの発現のパターン

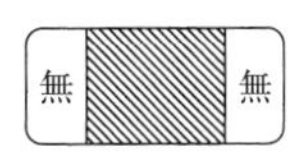

ｇ．遺伝子Ｆを胚の全体で発現させた場合の遺伝子Ｄの発現のパターン

図２

問３　実験３の結果から考えて，遺伝子Ｂの発現に対する影響は，遺伝子Ａと遺伝子Ｃではどちらが強いか。理由を含め60字程度で答えよ。

問４　遺伝子Ａを野生型の胚の全体で発現させると，遺伝子Ｂの発現はどうなるか。図１にならって図示せよ。なお，発現がない領域には「無」と記入すること。

問５　遺伝子Ａを野生型の胚の全体で発現させると，遺伝子Ｃの発現はどうなるか。図１にならって図示せよ。なお，発現がない領域には「無」と記入すること。

問６　実験４の結果から考えられる，遺伝子Ｄ～Ｆの関係を，次の例にならって→や⊣を用いて記せ。

例：イ→ロ←ハ

問７　実験４の結果から考えて，遺伝子Ｄ～Ｆのうち，上流の遺伝子として最も影響が強いものを記せ。

（立教大）

カタラーゼ輸送

一重の膜に囲まれた細胞小器官Xの中には，過酸化水素を分解する酵素であるカタラーゼが配置されている。カタラーゼがXの中へ運ばれるためには，Xの膜の上と細胞質基質に存在する複数のタンパク質の働きが必要となる。また，カタラーゼの輸送を担うタンパク質が遺伝的変異によって働くことができず，カタラーゼをXへ輸送できない遺伝性の病気が知られている。そこで，以下の実験では，そのような遺伝性の病気をもつ4人の患者さんから細胞を提供して頂き，それぞれ細胞A，B，C，Dとした。ただし，4人の患者さんがもつ遺伝的変異は全遺伝子の中で，1つの遺伝子においてのみ生じているものと仮定する。

実験1：動物細胞をある薬剤で処理すると，細胞膜だけに穴を開けて細胞質基質のみを洗い流すことが可能となる。このとき細胞小器官を含む細胞内構造物はほぼ生きた状態に保たれたままであり，この細胞をセミインタクト細胞と呼ぶ。細胞質基質を洗い流したセミインタクト細胞にカタラーゼのみを加えたとき，カタラーゼは細胞膜に開けた穴を通り抜けることはできたがXの中へは運ばれなかった。一方，細胞から取り出してきた細胞質基質と一緒にセミインタクト細胞へ加えると，カタラーゼはXの中へ運ばれた。

表1

セミインタクト細胞	加えた細胞質基質	カタラーゼ輸送
S_A	P_A	−
	P_B	+
	P_C	−
	P_D	−
S_B	P_A	−
	P_B	−
	P_C	−
	P_D	−
S_C	P_A	−
	P_B	+
	P_C	−
	P_D	−
S_D	P_A	−
	P_B	+
	P_C	−
	P_D	−

表2

セミインタクト細胞	加えた細胞質基質	カタラーゼ輸送
S_A	P_A+P_B	+
	P_A+P_C	+
	P_A+P_D	−
S_B	P_B+P_A	−
	P_B+P_C	−
	P_B+P_D	−
S_C	P_C+P_A	+
	P_C+P_B	+
	P_C+P_D	+
S_D	P_D+P_A	−
	P_D+P_B	+
	P_D+P_C	+

実験2：細胞A，B，C，Dからセミインタクト細胞を作成し，それぞれS_A，S_B，S_C，S_Dと名付けた。このとき，それぞれの細胞質基質も準備し，P_A，P_B，P_C，P_Dとした。これらのセミインタクト細胞から細胞質基質を洗い流し，それぞれ１種類の細胞質基質とカタラーゼを前ページの表１のように，また，２種類の細胞質基質を前ページの表２のように混ぜ合わせた後でカタラーゼと共に加えた。その後，カタラーゼが輸送されたかどうか調べたところ，表１と表２に示す結果が得られた。表中では，カタラーゼがXの中に運ばれた場合を＋，運ばれなかった場合を－とした。

問１　表１の結果から，細胞小器官Xの膜に組み込まれて働くタンパク質が，遺伝的変異によってその働きを失ったと推測できるものを，細胞A，B，C，Dの中から選べ。

問２　表１と表２の結果から，細胞A，B，C，Dの中に遺伝的変異が同じ遺伝子に生じていると考えられる細胞が２つある。その２つの細胞を答えよ。

（九大）

植物の防御応答

植物の防御応答に(a)植物ホルモンであるエチレンが関与していることが知られている。エチレンをつくり出す過程では，ACS と呼ばれる酵素が中心的な役割をはたしており，ACS 遺伝子の発現はエチレンが生産されることを意味する。以下の実験に用いた植物は，7 個の ACS 遺伝子（ACS1～ ACS7）をもち，感染刺激に応じて複数の ACS 遺伝子を発現させることによってエチレンの生産量を調節することができる。7 つの ACS 遺伝子のうち，どの ACS 遺伝子が防御応答にかかわっているかを明らかにするため，次の 2 つの実験を行った。

実験 1：ACS 遺伝子を欠損させた植物変異体に，病原菌を接種して48時間後までに生産されたエチレン量を測定し，その結果を図 1 に示した。ここでは，ACS 遺伝子欠損変異体を *acs* と表記し，*acs 1/2* は ACS1 と ACS2 の両方を欠損した変異体であることを示す。なお，エチレンの生産量は，もとの植物に病原菌を接種して得られたエチレンの生産量を100とした場合の相対値で示した。

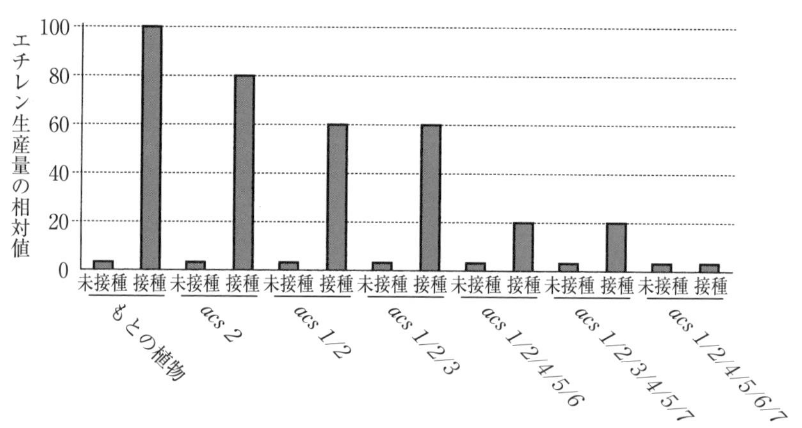

図 1　ACS 遺伝子の欠損変異が病原菌接種によるエチレン生産量に及ぼす影響

実験 2：もとの植物に病原菌を接種した場合と，未接種の場合のそれぞれの葉における ACS2～ ACS5 遺伝子の mRNA 生産量を測定し，その結果を次ページの図 2 に示した。ただし，ACSmRNA の生産量は，各未接種での mRNA 生産量を 1 とした場合の相対値で示した。

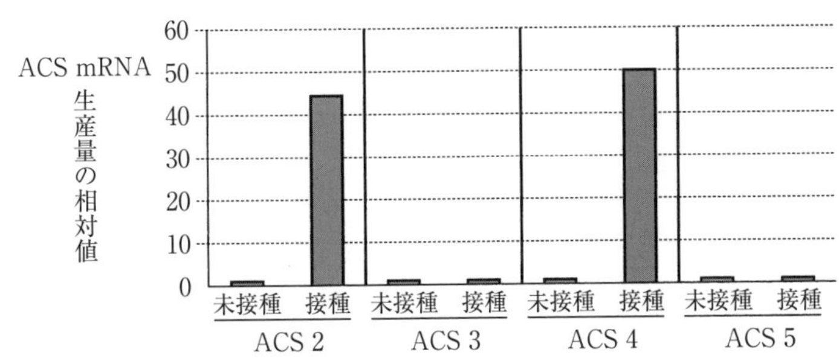

図2　病原菌接種で誘導されたACS mRNAの生産量

17 **問1**　下線部(a)に関して，エチレンは植物に防御応答を誘導するだけでなく，さまざまな働きをもつ。エチレンによる働きとして，正しいものを次から2つ選べ。

①　発芽　　②　光屈性　　③　花芽形成

20 ④　果実成熟　　⑤　落葉　　⑥　休眠

問2　実験1と実験2の結果から，防御応答に関与すると考えられるACS遺伝子に○，関与しないACS遺伝子に×をつけ，下表を完成せよ。

ACS1	ACS2	ACS3	ACS4	ACS5	ACS6	ACS7

（名大）

4 発芽の制御

種子の発芽におけるホルモンの働きを調べるために，以下の実験を行った。

実験：ある単子葉植物の野生型や各種突然変異体の種子の種皮をはいだ後，胚と胚乳を取り除き，種皮と胚乳との間に挟まれた糊粉層の部分を得た。この試料を殺菌し，下の表に示すように，ホルモンA，Bや，化合物C，D，Eなどを含む水溶液に数日間浸した。その後，これらの試料から調製した抽出液をデンプンの水溶液と混合して反応させた。最後にヨウ素液を加えて，呈色反応の有無を調べた。なお，化合物C，D，Eは，ホルモンBが合成される過程の前駆物質であり，いずれも細胞内によく吸収される。

実験結果：野生型および，それぞれ遺伝子*1～4*が単独で欠損した突然変異体*1～4*の種子を用いて実験した結果を右表に示した。表中の＋は，青色の呈色反応が見られたこと，－は，青色の呈色反応が見られなかったことを示す。また，表中の水とは，蒸留水に浸した場合を，A，B，C，D，Eとは，それぞれホルモンA，B，化合物C，D，Eのみを含む水溶液に浸した場合を，A＋Bとは，ホルモンAとBの双方を含む水溶液に浸した場合を示す。また，それぞれの抽出液をデンプンと反応させる前に煮沸したところ，いずれの場合も青色の呈色反応が見られた。

	水	A	B	A＋B	C	D	E
野生型	＋	＋	－	＋	－	－	－
突然変異体*1*	＋	＋	－	＋	＋	＋	＋
突然変異体*2*	＋	＋	＋	＋	＋	＋	＋
突然変異体*3*	＋	＋	－	＋	＋	－	＋
突然変異体*4*	＋	＋	－	＋	－	－	＋

問1 ホルモンA，ホルモンBの働きに関する以下の文中の空欄に入る最も適切な語句を，下の①～⑲からそれぞれ1つずつ選べ。

ホルモンBは，種子の発芽過程において［ア］で合成され，［イ］の細胞に作用して，デンプン［ウ］酵素の［エ］を［オ］する。この酵素が［カ］の中のデンプンを［ウ］することは，種子の発芽の重要なステップとなる。種子の休眠に関与するホルモンAは，［イ］の細胞に作用して，デンプン［ウ］酵素の［エ］を［キ］することにより，ホルモンBの働きを［キ］する。

① 胚　② 胚嚢　③ 胚軸　④ 胚盤　⑤ 胚乳
⑥ 胚珠　⑦ 胚葉　⑧ 葯　⑨ 糊粉層　⑩ デンプン粒
⑪ 種皮　⑫ 子葉　⑬ 子房　⑭ 子嚢　⑮ 胞子
⑯ 合成　⑰ 分解　⑱ 促進　⑲ 抑制

問2 実験結果に基づいて，ホルモンB，化合物C～E，遺伝子*1～4*の働きについて推論した。以下の文中の空欄に入る最も適切な語句を，次ページの①～⑦からそれぞれ1つずつ選べ。

ホルモンBが合成される際には，前駆物質C，D，Eが [ク] → [ケ] → [コ] →ホルモンBの順序で反応が進む。[サ] は，[ク] → [ケ] の化学反応を触媒する酵素の遺伝子である。[シ] は，[ケ] → [コ] の化学反応を触媒する酵素の遺伝子である。[ス] は，[コ] →ホルモンBの化学反応を触媒する酵素の遺伝子である。[セ] は，ホルモンBの合成ではなく，ホルモンBの作用を媒介する因子の遺伝子である。

① 前駆物質C　② 前駆物質D　③ 前駆物質E
④ 遺伝子 *1*　⑤ 遺伝子 *2*　⑥ 遺伝子 *3*　⑦ 遺伝子 *4*

（東京理大）

5 ホルモンのフィードバック調節

フィードバック調節のような効果が観察される，ある多細胞生物Oを用いた次の実験1，2を行った。多細胞生物Oではペプチドホルモン H1，H2 について次のような関係がある。細胞Pはホルモン H1 を合成する。細胞Qはホルモン H1 を受容体 R1 により受容すると，それに応答してホルモン H2 を合成する。ホルモン H2 はさまざまな生理応答を引き起こすと同時に，細胞Pにも受容体 R2 を通じて受容される。その結果，細胞Pはホルモン H1 の合成を抑制する。

実験1：多細胞生物Oのホルモン H1 または H2 の量が変化した変異体 m1〜 m4 を単離した。それらの変異体と野生型を用いて，体液中のホルモン量を測定した。その結果が図1である。

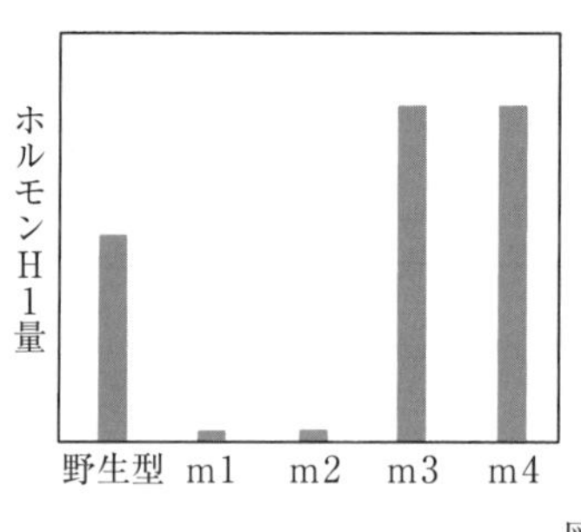

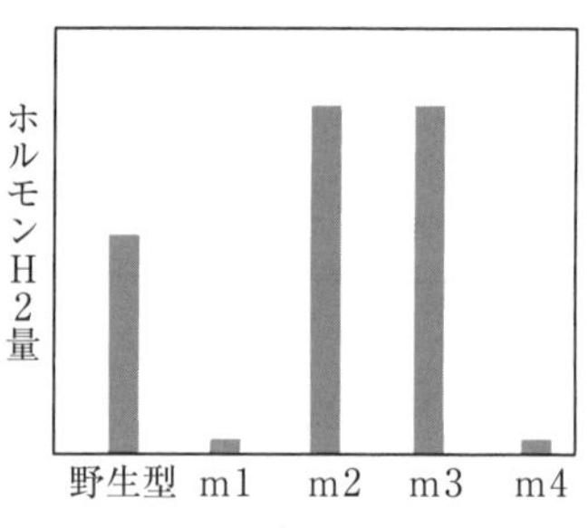

図1

実験2：野生型と変異体 m1〜 m4 に人工的に合成したペプチドホルモン H1 を過剰に投与した。このとき，新しく合成されるペプチドホルモン H1 または H2 を標識するために放射性同位体を含むアミノ酸を投与した。野生型でホルモン H1 の効果が現れる時間まで待って，それぞれの系統から一定量の体液を採取した。その体液からホルモン H1，H2 を単離し，それらに含まれる放射線量を測定した。その結果が図2である。なお，アミノ酸の投与により，ペプチドホルモン H1，H2 の合成量や受容は影響を受けないものとする。

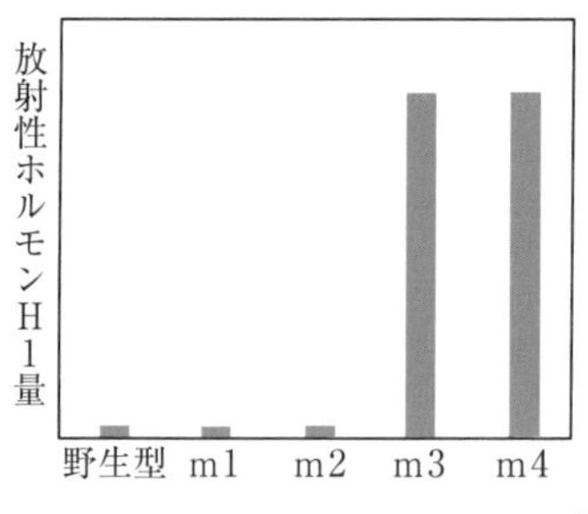

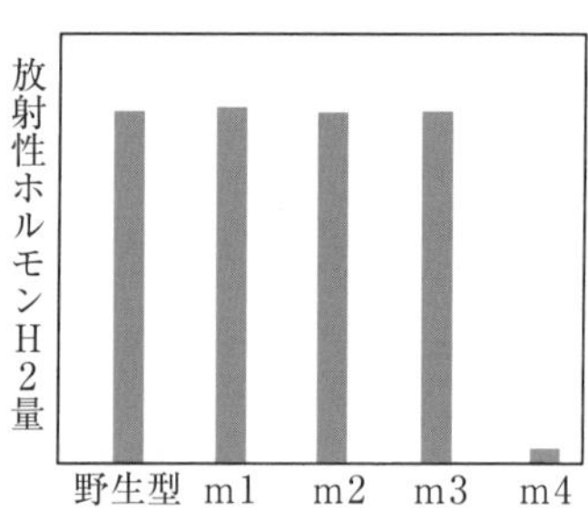

図2

問　実験1，2の結果から考えられる変異体m1～m4それぞれの説明として適当なものを，次からそれぞれすべて選べ。

① ホルモンH1を合成できない変異体である。
② ホルモンH2を合成できない変異体である。
③ ホルモンH1の受容体R1を欠損する変異体である。
④ ホルモンH2の受容体R2を欠損する変異体である。
⑤ 受容体R1がホルモンH1の有無にかかわらず常に活性化状態になる変異体である。
⑥ 受容体R2がホルモンH2の有無にかかわらず常に活性化状態になる変異体である。

（立教大）

6 ギャップ遺伝子の発現とホメオティック遺伝子の進化

ホメオティック遺伝子に関する以下の問いに答えよ。

問1 図1はショウジョウバエの胚を模式的に表したものである。図1の1，2，3では，それぞれギャップ遺伝子A，B，Cが発現している部位を脚注のように示している。これらB，Cのタンパク質はA遺伝子の発現を制御していることが知られている。図1の4，5はそれぞれB，C遺伝子に突然変異が生じ，その機能が失われた胚におけるAのタンパク質の分布を示している。

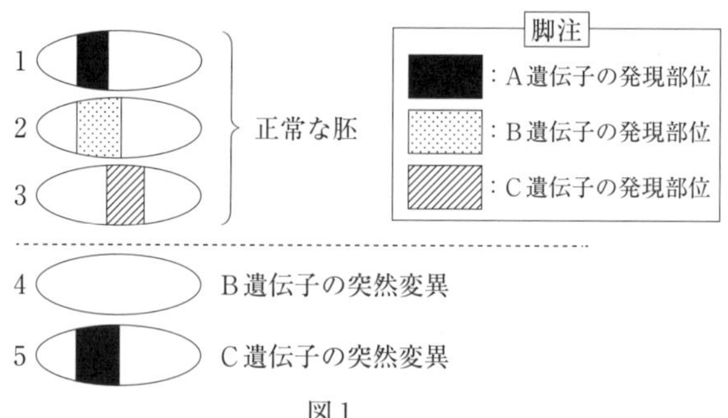

図1

以下の(1)，(2)の場合におけるA遺伝子の発現部位を，図1の1～3の図を参考に，黒く塗りつぶして示せ。ただし，発現部位がない場合は，「なし」と答えよ。

(1) 遺伝子組換え技術を用いて，B遺伝子を胚全体で発現させた際

(2) 遺伝子組換え技術を用いて，C遺伝子を胚全体で発現させた際

問2 一連のホメオティック遺伝子群はショウジョウバエでは染色体上の1箇所に，哺乳動物では4箇所に存在している。ある昆虫aは哺乳動物の祖先型遺伝子群1をもっている。この遺伝子群1と哺乳動物bのホメオティック遺伝子群の並び方を遺伝子群ごとに図2に示した。昆虫aの遺伝子群1から哺乳動物bの遺伝子群2～5は合計5回の出来事(1段階目から5段階目)によってつくりだされた。なお，これらのうち2回の出来事は全染色体の倍化であった。

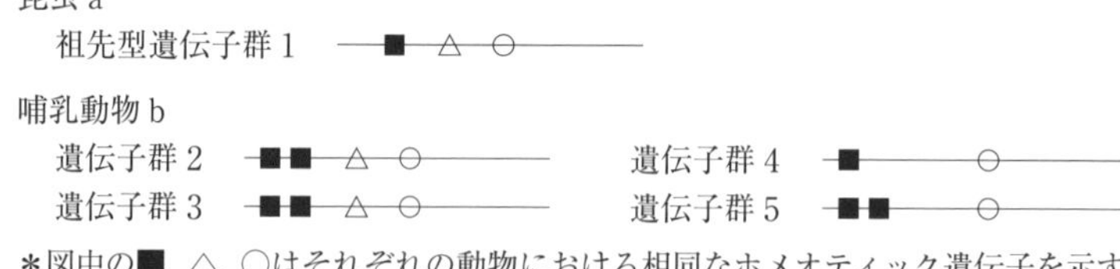

＊図中の■，△，○はそれぞれの動物における相同なホメオティック遺伝子を示す。

図2

各遺伝子群で起きた出来事を説明している文を下の①～⑦の中から選び，その出来事が起きた遺伝子群番号とともに過去から現在に向かって正しく並べよ。同じ番号を何回繰り返し選んでもよい。ただし，①を選んだ場合は遺伝子群の番号は書かなくてよい。なお，２つの遺伝子群の祖先になった遺伝子群で何らかの出来事が起きた場合は，その両遺伝子群の番号を書け。ただし，昆虫ａの遺伝子群１は現在までに各遺伝子の構成，並び順に変化はないものとする。

① 全染色体の倍化が起きた。
② 遺伝子■が重複した。
③ 遺伝子■が欠失した。
④ 遺伝子△が重複した。
⑤ 遺伝子△が欠失した。
⑥ 遺伝子○が重複した。
⑦ 遺伝子○が欠失した。

（東京海洋大）

7　根から葉への長距離輸送

根から葉へ長距離輸送される物質に関する次の文章を読み，問1～3に答えよ。

物質Xは植物のすべての細胞で生合成される物質であり，植物の成長を促進するが，細胞間や維管束を移動できない。物質Xの前駆物質YとZは細胞間の移動や道管を使った長距離移動ができる。前駆物質から物質Xを生合成する経路を触媒する酵素の遺伝子が変異した変異体A，Bおよび二重変異体ABがある。この遺伝子の変異によって酵素活性は失われる。この植物の地下部と地上部の間を切断した後に，同一個体もしくは別個体の地下部と地上部を接ぎ木することができる。接ぎ木後，すぐに維管束が連結し，根から葉への物質の長距離輸送が再開する。例えば図1のように，野生型の地下部と変異体Aの地上部を連結させた接ぎ木Aを作製した。野生型，変異体A，BおよびABも同一個体の接ぎ木を行った。いずれの場合も，接ぎ木という操作自体による第一本葉の生育への影響は生じなかった。

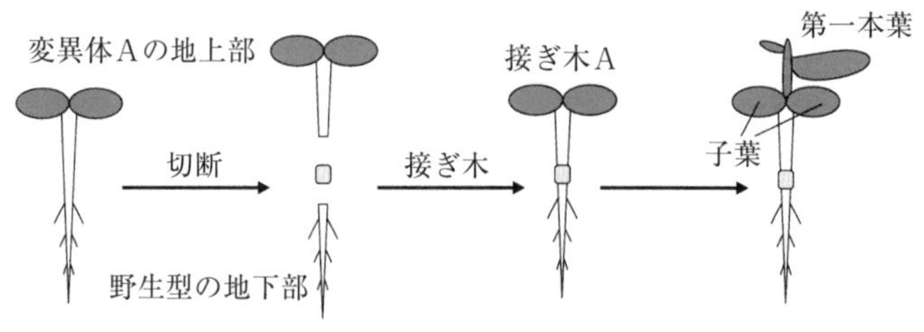

図1　接ぎ木Aの作製方法

接ぎ木作製後，3日目，5日目，7日目の第一本葉の葉の面積を計測したところ，表1の結果が得られた。

また，各時期の子葉の一部を採取して，各物質を検出し，表2の結果を得た。なお，子葉の一部を採取しても第一本葉の成長や物質の長距離輸送に影響はない。また，子葉と第一本葉の間で物質X，Y，Zの検出の有無に差はない。

表1　接ぎ木作製後，3日目，5日目，7日目の葉の面積(mm^2)

接ぎ木作製後	3日目	5日目	7日目
野生型	200	240	288
変異体A	150	165	181.5
変異体B	200	220	242
二重変異体AB	150	165	181.5
接ぎ木A	200	240	288

表2　葉における物質X，Y，Zの検出の有無(＋は検出あり，－は検出なし)

	物質X	物質Y	物質Z
野生型	＋	＋	＋
変異体A	－	－	＋
変異体B	－	＋	＋
二重変異体AB	－	－	＋
接ぎ木A	＋	＋	＋

問1　この実験結果に関して考察した次の文中の空欄に最も適切な語句を，下の①～⑧からそれぞれ1つずつ選べ。

実験結果より，[ア]は，接ぎ木作製後，3日目から7日目までの第一本葉の面積を2日で[イ]倍広げる作用をもつ。変異体Aは[ア]から[ウ]をつくり出す経路を触媒する酵素の遺伝子に変異が生じており，変異体Bは[ウ]から[エ]をつくり出す経路を触媒する酵素の遺伝子に変異が生じている。

①　X　　②　Y　　③　Z　　④　1.05
⑤　1.1　　⑥　1.2　　⑦　1.3　　⑧　1.4

問2　接ぎ木Aと同じように，変異体Bの地上部と野生型の地下部を用いて接ぎ木Bを作製し，二重変異体ABの地上部と野生型の地下部を用いて接ぎ木ABを作製した。接ぎ木作製後，3日目，5日目，7日目の第一本葉の面積として最も適切なものを，下の①～⑧からそれぞれ1つずつ選べ。

接ぎ木B　　3日目[オ]　　5日目[カ]　　7日目[キ]
接ぎ木AB　　3日目[ク]　　5日目[ケ]　　7日目[コ]

①　150　　②　165　　③　181.5　　④　200
⑤　220　　⑥　240　　⑦　242　　⑧　288

問3　変異体Aの地下部と変異体Bの地上部を用いた接ぎ木と，変異体Bの地下部と変異体Aの地上部を用いた接ぎ木における7日目の第一本葉の面積を比べると，どのようになっていると推測されるか。次から適当なものを1つ選べ。

①　変異体Aの地下部と変異体Bの地上部を用いた接ぎ木の方が大きい。
②　変異体Bの地下部と変異体Aの地上部を用いた接ぎ木の方が大きい。
③　両者とも野生型と同じになる。
④　両者とも変異体ABと同じになる。

（東京理大）

網膜の再生

ヒトの網膜には，さまざまな機能をもつ細胞が存在し，網膜のすぐ外側にある脈絡膜側からガラス体方向へ順にA，B，C，Dの4つの細胞層が認められる。

成体イモリの網膜は，ヒトと同様にA，B，C，Dの4つの細胞層からなり，B，C，D層を除去しても30日目には再び網膜の層構造が再生される。このような網膜の再生現象を調べるため，イモリの網膜を分離し培養皿中で以下の細胞培養実験を行った。なお，培養開始日を0日とする。

実験1：A層だけを分離して培養すると，数ヶ月経っても分離したときの細胞の特徴を維持したままで，細胞増殖は起こらなかった。

実験2：(a)A層と，A層のすぐ外側にある脈絡膜層をそれぞれ分離し一緒に培養(共培養)すると，5日目にはA層の細胞の一部は元の細胞の特徴を徐々に失うとともに細胞分裂を開始し，5日目以降も分裂する細胞の割合は増加した。そして，14日目以降になると神経細胞が形成されていた。また，神経細胞には色素をもつものも観察された。

実験3：A層だけを分離して培養を開始し，5日目からあるタンパク質(タンパク質F)を培養液に添加し続けると，**実験2**と同様に細胞分裂が活発になり，14日目以降になると神経細胞が形成されていた。

実験4：A層だけを分離して培養を開始し，5日目までタンパク質Fを培養液に添加し続けて培養し，6日目からは培養液からタンパク質Fを除いて培養を続けると，14日目以降になっても神経細胞は形成されなかった。

実験5：A層だけを分離して培養を開始し，10日目からタンパク質Fを培養液に添加し続けても，14日目以降に神経細胞は形成されなかった。

問1　下線部(a)は，A層と脈絡膜層の細胞を直接接触させて行う方法と，直径0.4μmの穴が無数に空いたシートを両層の細胞間に挟んで行う2つの方法で行った。いずれの方法においても神経細胞が形成された。このときの神経細胞の再生に必要かつ十分なこととして，最も適切な記述を次から1つ選べ。

① A層と脈絡膜層の細胞どうしが直接接触していること。
② A層と脈絡膜層の細胞どうしが接触していないこと。
③ A層と脈絡膜層の細胞の間で物質が拡散し移動すること。
④ A層と脈絡膜層の間に細胞が突起を伸ばすための空間があること。
⑤ A層と脈絡膜層の細胞が移動し混ざり合うこと。

問2　実験1～5の結果から考えたとき，A層と脈絡膜層の共培養に，タンパク質Fの働きを阻害する薬剤を以下のA～Fに示した期間添加した場合，14日目以降でも神経細胞が形成されないものはどれか。適切なものだけをすべて含む選択肢を，次ページの①～⑩から1つ選べ。ただし，この薬剤の効果は添加した直後から現れ，除いた直後になくなるものとする。

A．１日目～４日目まで　B．１日目～11日目まで　C．１日目～14日目まで
D．４日目～11日目まで　E．４日目～14日目まで　F．11日目～14日目まで

① A，B，C　② A，C，D　③ B，C，D　④ B，E，F
⑤ C，D，E　⑥ C，D，F　⑦ D，E，F　⑧ A，B，C，D
⑨ B，C，D，E　⑩ C，D，E，F

問３　実験１～５の結果から示唆される，網膜再生におけるタンパク質Ｆの働きについての説明として，最も適切な記述を次から１つ選べ。

① A層の細胞の元の特徴を維持することで，網膜再生を促進する。
② A層の細胞の元の特徴を維持することで，網膜再生を抑制する。
③ A層と脈絡膜層との接着を強めることで，網膜再生を促進する。
④ A層と脈絡膜層，両方の細胞の移動を促進することで，網膜再生を起こす。
⑤ 脈絡膜層の細胞の脱分化を抑制することで，網膜再生を起こす。
⑥ 脈絡膜層の細胞の形質転換を抑制することで，網膜再生を起こす。
⑦ 脈絡膜層の細胞の脱分化を促進することで，網膜再生を起こす。
⑧ 脈絡膜層の細胞の形質転換を促進することで，網膜再生を起こす。
⑨ A層の細胞の脱分化を抑制することで，網膜再生を起こす。
⑩ A層の細胞の形質転換を抑制することで，網膜再生を起こす。
⑪ A層の細胞の脱分化を促進することで，網膜再生を起こす。
⑫ A層の細胞の形質転換を促進することで，網膜再生を起こす。

（北里大）

9 自律神経による平滑筋の制御

動物の血管は，血液に接する面である血管内皮細胞の層，その外側にある平滑筋の層，さらに外側の膜組織(外膜)からなる(図１)。平滑筋の収縮と弛緩によって動脈の太さが変わり，血液の流量が調節される。平滑筋の制御には自律神経系(交感神経と副交感神経)が大きな割合を占める。交感神経からはノルアドレナリンが，副交感神経からはアセチルコリンが分泌される。そこで以下の実験を行った。

実験方法

図１のように，ウサギから切り出した動脈の血管を縦方向に切り開いて正方形の断片にし，そのままの血管内皮細胞を取り除かない断片，または血管内皮細胞を取り除いた断片を実験に用いた。血管の断片は図２のような装置に設置して収縮の強さを測定した。

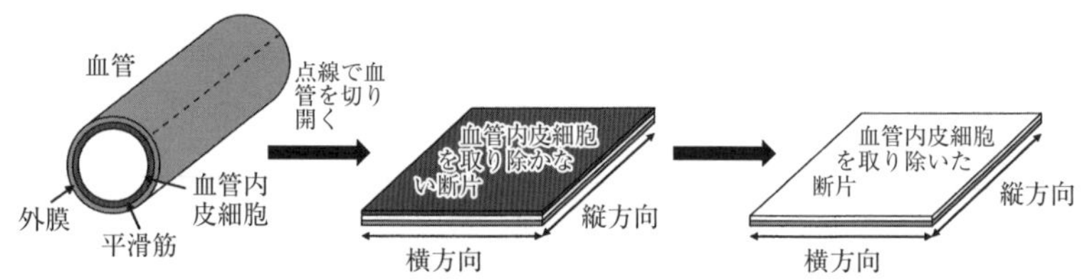

図１　血管の構造および実験用の断片作成

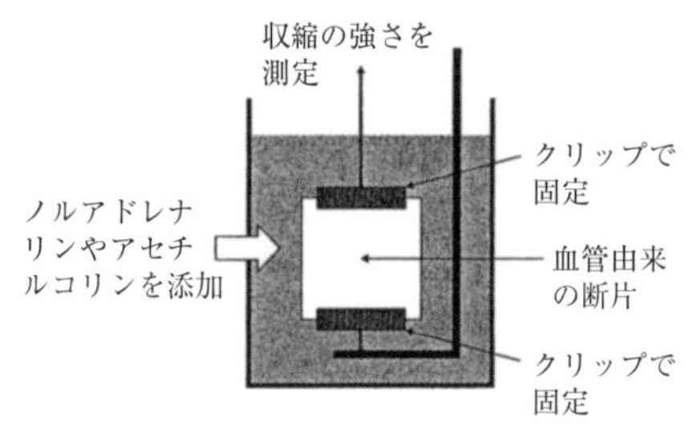

図２　血管由来断片の収縮の強さ測定装置

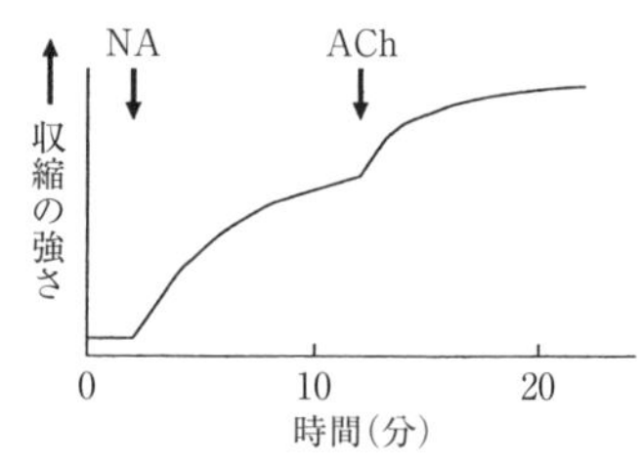

図３　血管内皮細胞を取り除いた断片の横方向の収縮の強さの測定結果
(ノルアドレナリン(NA)及びアセチルコリン(ACh)を矢印の時点で添加)

実験１：血管内皮細胞を取り除いた断片の横方向の収縮の強さを計測しながら，ノルアドレナリンを加え，さらにアセチルコリンを加えたところ，図３の結果が得られた。

実験２：血管内皮細胞を取り除いた断片の縦方向の収縮の強さを測定しながら，ノルアドレナリンを加え，さらにアセチルコリンを加えたところ，次ページの図４の結果が得られた。

実験３：血管内皮細胞を取り除かない断片の横方向の収縮の強さを測定しながら，ノルアドレナリンを加え，さらにアセチルコリンを加えたところ，次ページの図５の結果が得られた。

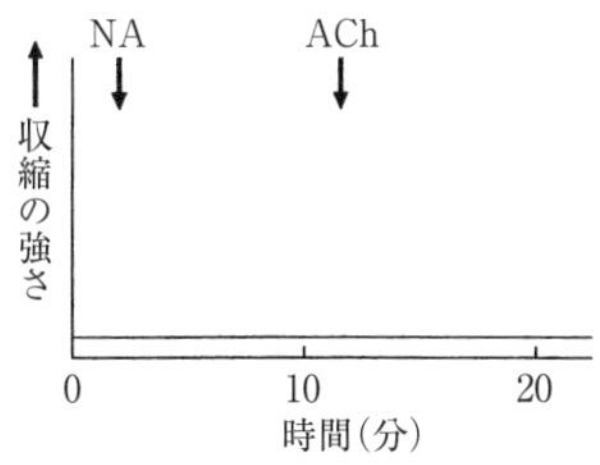

図４　血管内皮細胞を取り除いた断片の縦方向の収縮の強さの測定結果

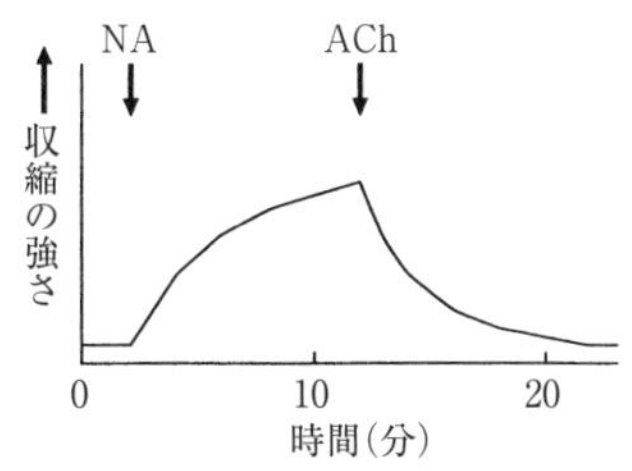

図５　血管内皮細胞を取り除かない断片の横方向の収縮の強さの測定結果

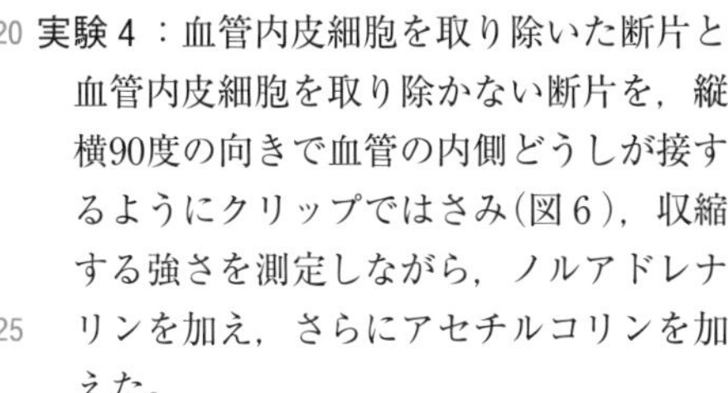

実験４：血管内皮細胞を取り除いた断片と血管内皮細胞を取り除かない断片を，縦横90度の向きで血管の内側どうしが接するようにクリップではさみ(図６)，収縮する強さを測定しながら，ノルアドレナリンを加え，さらにアセチルコリンを加えた。

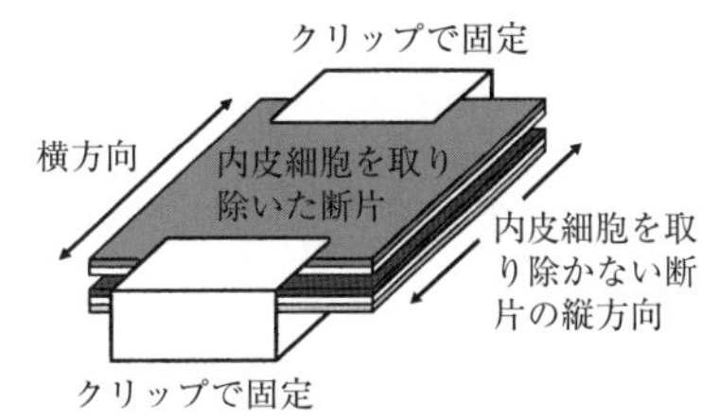

図６　血管内皮細胞を取り除かない断片と血管内皮細胞を取り除いた断片の重ね合わせ

問１　自律神経による動脈の血管の太さの調節は，血管の平滑筋の収縮や弛緩がどのような方向に起こることで成り立っているのか。**実験１**および**実験２**の結果をふまえ説明せよ。

問２　血管の平滑筋に対するノルアドレナリンとアセチルコリンの直接の作用はどのようなものであると考えられるか。**実験１**の結果をふまえ説明せよ。

問３　**実験１**と**実験３**とで，アセチルコリンによる断片の収縮の強さに対する異なる結果をもたらした理由を述べよ。

問４　**実験４**において予想される結果について，図７にグラフで示せ。ただし，ノルアドレナリンを加えるまでの収縮の強さを示す線は，これまでの**実験１**～３と同様である。

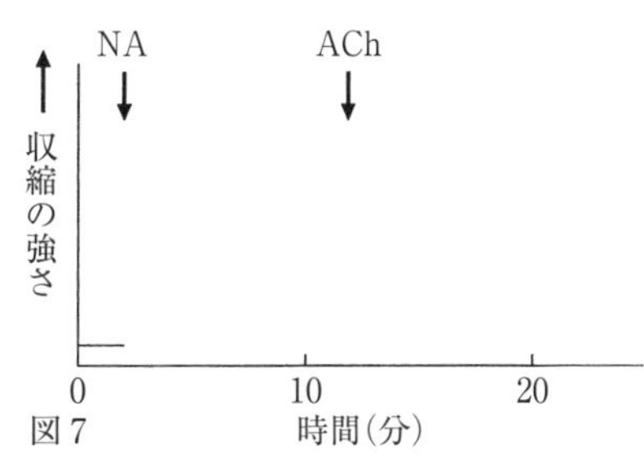

図７

次に，グラフに示した結果について，そのように考えた理由を，次の点を考慮して答えよ。

(a)　ノルアドレナリンを加えたときに収縮の強さの変化が起こった理由

(b)　アセチルコリンを加えたときに収縮の強さの変化が起こった理由

(c)　収縮の強さを発揮するのがどちらの断片によるものなのか

(d)　血管内皮細胞の働き

(お茶の水女大)

細胞性粘菌の分化

ある種の細胞性粘菌では，飢餓刺激をきっかけとして細胞分化が起こる。この細胞性粘菌の野生株細胞は十分な栄養が存在する培養液中では未分化のまま細胞周期がそろうことなく10時間ごとに定常的に分裂する。野生株細胞は，飢餓状態におかれると20時間後までに必ず一度だけ分裂し娘細胞を生じる。この娘細胞は，分泌された(a)2種類の分化誘導因子の作用により，やがて顕微鏡観察で互いに区別できる形態Aをもつ細胞（A細胞）か形態Bをもつ細胞（B細胞）のいずれかに分化する。

この分化について詳しく調べるため，細胞性粘菌の野生株細胞を栄養培養液中で培養し，ある時点で栄養分を含まない無栄養培養液に移して飢餓刺激を与えた。その後，その野生株細胞を20時間飢餓状態においた（以下，これを飢餓処理と呼ぶ）。娘細胞が未分化な状態（未分化細胞）からA，Bどちらの細胞に分化したかについてすべて記録したところ，(b)B細胞へ分化したのは，無栄養培養液に移した時点で細胞分裂期にあった細胞のみであった。

この野生株に対し，A細胞あるいはB細胞への分化誘導因子の分泌だけにかかわる突然変異体X株とY株が得られた。X株とY株は，突然変異を起こしている遺伝子が互いに異なっており，突然変異を起こしている遺伝子はそれぞれ1つであった。これらの株を用いて，細胞性粘菌の分化誘導のしくみを調べるための実験を行ったところ，以下の5つのことが観察された。

観察1：X株の細胞を飢餓処理すると，観察されたのはA細胞と未分化細胞のみでB細胞は観察されなかった。

観察2：Y株の細胞を飢餓処理すると，観察されたのは未分化細胞のみでA細胞とB細胞は観察されなかった。

観察3：野生株を飢餓処理した後，細胞を取り除いた培養液（飢餓上清）を用いてX株，Y株それぞれを飢餓処理したところ，いずれにおいても観察されたのはA細胞またはB細胞のみで未分化細胞は観察されなかった。

観察4：Y株の飢餓上清を用いてX株を飢餓処理したところ，観察されたのはA細胞と未分化細胞のみでB細胞は観察されなかった。

観察5：X株の飢餓上清を用いてY株を飢餓処理したところ，観察されたのはA細胞またはB細胞のみで未分化細胞は観察されなかった。

以上の観察から，(c)飢餓上清には2種類の分化誘導因子が存在し，A細胞あるいはB細胞への分化にはどちらかの分化誘導因子が必要であることがわかった。

問1　下線部(a)について，ある処理を飢餓上清に行うことにより2種類の分化誘導因子は失活したため，これらの分化誘導因子はともにタンパク質であることが予想された。どのような処理を行ったと考えられるか，処理の名称を記せ。

問2　下線部(b)について，A細胞へ分化した未分化細胞は，飢餓状態におかれた時点で細胞周期の中でどの時期にあったと考えられるか，時期の名称を記せ。

問3　下線部(c)について，文中の観察結果をもとに以下の(1)～(3)に答えよ。

(1)　野生株において２種類の分化誘導因子はそれぞれどの細胞から分泌されるか，次の〔細胞〕の中から最も適切なものを選び，下の文中の空欄ア，イにそれぞれ記入し，文を完成させよ。

〔細胞〕　未分化細胞，Ａ細胞，Ｂ細胞，Ａ細胞とＢ細胞の両方

「野生株ではＡ細胞への分化誘導因子は，［　ア　］から分泌される。」
「野生株ではＢ細胞への分化誘導因子は，［　イ　］から分泌される。」

(2)　未分化細胞をＡ細胞あるいはＢ細胞へと分化させる２つの分化誘導因子のうち，Ｘ株，Ｙ株それぞれが分泌できないのはいずれの分化誘導因子か，次から１つずつ選べ。

①　Ａ細胞への分化誘導因子
②　Ｂ細胞への分化誘導因子
③　Ａ細胞への分化誘導因子とＢ細胞への分化誘導因子の両方

(3)　培養液中で未分化のまま細胞周期がそろうことなく10時間ごとに定常的な細胞分裂を起こしているＸ株の細胞とＹ株の細胞を十分な量混合し飢餓処理を行った場合，Ｘ株とＹ株の細胞分化に関して予想されることを，40字以内で記せ。

（筑波大）

11 細胞周期の調節

真核細胞の細胞分裂は，細胞周期と呼ばれる一連の秩序だった過程を経て行われる。通常の体細胞分裂の細胞周期はG_1期，S期，G_2期，M期の4つの時期からなり，これら4つの時期が秩序だって進行することでゲノムDNAの複製，核分裂と細胞質分裂が行われる。ゲノムDNAの複製はS期にのみ起こり，他の時期には起こらない。これを調節するしくみがどのようなものかを考えるため，ある動物の体細胞の集団を用いて実験を行った。この細胞集団は，同じ細胞周期の長さ(時間)で活発に細胞分裂を行っているが，個々の細胞の細胞周期の時期はばらばらであり，さまざまな時期の細胞を含んでいる。そこでまず，細胞をG_1期，S期，G_2期，M期に分けて集めた。次に，G_1期，S期またはG_2期のいずれかの2つの細胞を融合させて，1つの細胞に2つの核をもつ細胞を作った。融合後の細胞を培養し，融合した直後から経時的に2つの核のDNA複製を調べたところ，図1のようになった。

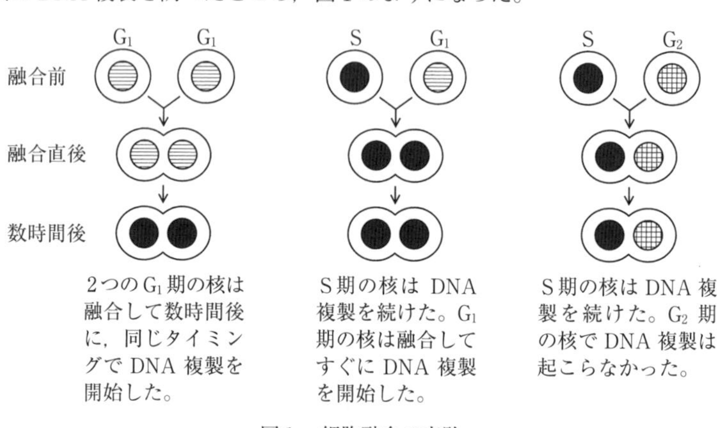

図1　細胞融合の実験

問1　真核細胞にはゲノムDNAの複製を開始させる因子が存在し，それによってDNA複製が調節されることが知られている。図1の実験結果をふまえ，DNA複製の調節について説明する以下の文章のうち適切なものを2つ選べ。

① G_1期にDNA複製が起こらないのは，DNA複製を開始させる因子は存在するが，核でDNA複製の準備ができていないためである。

② S期にDNA複製が起こるのは，S期になるとDNA複製を開始させる因子が細胞質に現れ，これが核に作用してDNA複製を開始させるためである。

③ S期にDNA複製が起こるのは，S期になるとDNA複製を開始させる因子が核に現れ，これが核にとどまってDNA複製を開始させるためである。

④ G_2期にDNA複製が起こらないのは，核でDNA複製の準備はできているが，DNA複製を開始させる因子がないためである。

⑤ G_2期にDNA複製が起こらないのは，核でDNA複製を開始させる因子が作用

できないようになっているためである。

問2　図1と同じ体細胞を用いて，S期，M期，G_1期，G_2期のいずれかの異なる時期の2つの細胞を融合させ，融合直後の細胞のゲノムDNAの量を測定した。ゲノムDNA量をG_1期の値を1とした相対値で表したとき，相対値が3から4の間（3＜相対値＜4）である融合細胞はどの時期の細胞どうしを融合させたものか。次から適切なものを2つ選べ。

①　SとM　　②　G_1とG_1　　③　SとG_2
④　MとG_1　　⑤　MとG_2　　⑥　G_1とG_2

（名大）

神経伝達物質と神経回路

物質に光を照射すると，その光が吸収されたあと，照射光より長い波長の光が放射されることがある。これを蛍光という。細胞内のさまざまな状態の変化を，蛍光を利用して調べることができる。細胞内のカルシウムイオン(Ca^{2+})の濃度変化を調べるために，Ca^{2+}と結合すると蛍光の性質が変化する物質(蛍光Ca^{2+}指示薬)Indo-1が発明された。Indo-1は図1のような性質をもっている。一定濃度のIndo-1溶液にCa^{2+}を混和し，波長340nmの光(紫外線)を照射すると，Ca^{2+}濃度が低いときは実線のように485nm(青緑色)に極大をもつような光が放射され，Ca^{2+}濃度が高いときには破線のように405nm(紫色)に極大をもつような光が放射される。

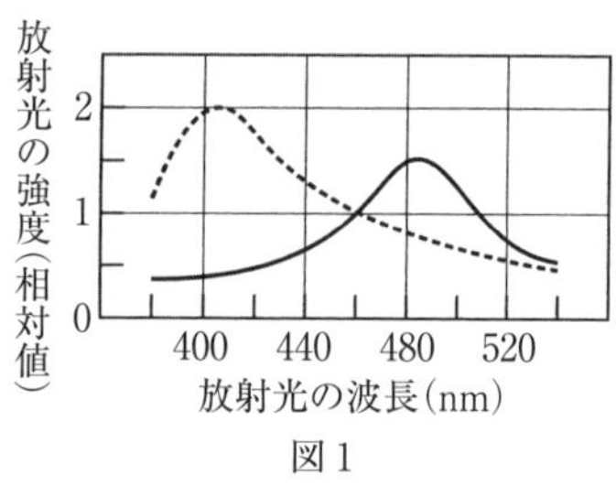

図1

Indo-1を利用して，神経細胞に発現している受容体(伝達物質依存性チャネル)や，シナプス結合のようすを調べることができる。神経伝達物質アセチルコリンがアセチルコリン受容体に結合した場合にも，神経伝達物質グルタミン酸がグルタミン酸受容体に結合した場合にも，Ca^{2+}が細胞に流入する。また，1つの神経細胞が放出する伝達物質は1種類に限られるが，1つの神経細胞が発現する受容体は，その細胞が放出する伝達物質とは無関係で，かつ1種類だけとは限らない。

いま，4個の神経細胞A，B，C，Dからなる集団に，アセチルコリンとグルタミン酸を短時間与えたときの細胞内Ca^{2+}濃度変化を調べたところ，次のような結果が得られた。

実験1：この集団にアセチルコリンを与えたところ，細胞AとCとDはCa^{2+}濃度が上昇したが，細胞BはCa^{2+}濃度変化を示さなかった。

実験2：同じ集団にグルタミン酸を与えたところ，細胞BとCとDはCa^{2+}濃度が上昇したが，細胞AはCa^{2+}濃度変化を示さなかった。

実験3：同じ集団にフグ毒素(活動電位の発生を抑える物質)を与え，ついでアセチルコリンを与えたところ，細胞AとCはCa^{2+}濃度が上昇したが，細胞BとDはCa^{2+}濃度変化を示さなかった。

実験4：同じ集団にフグ毒素を与え，ついでグルタミン酸を与えたところ，細胞BとDはCa^{2+}濃度が上昇したが，細胞AとCはCa^{2+}濃度変化を示さなかった。

問1　以上の実験結果から，アセチルコリン受容体はどの細胞に発現していると考えられるか。また，グルタミン酸受容体はどの細胞に発現していると考えられるか。それぞれ答えよ。

問 2　この細胞集団はシナプス結合して回路をつくっていると考えられる。右の①～⑥の結合パターンのうち，実験結果をうまく説明できるものはどれか。なお，図中Ⓧ—◁Ⓨとは，神経細胞Xが神経細胞Yにシナプス結合していることを模式的に表すものである。

①
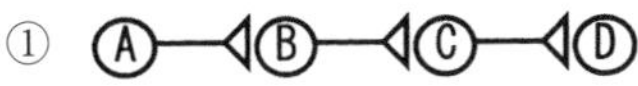

②
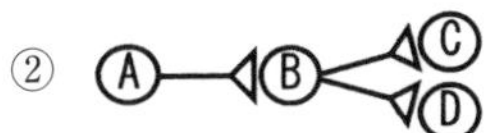

③
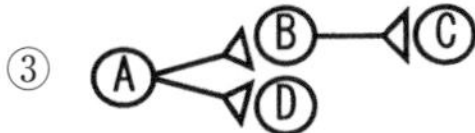

④
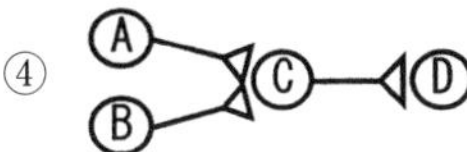

⑤
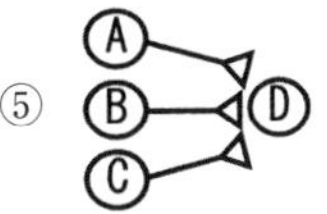

⑥ Ⓐ—◁Ⓑ　Ⓒ—◁Ⓓ

問 3　蛍光の性質は，タンパク質にももたせることができ，これを利用してタンパク質の合成のようすや分布のようすを顕微鏡で調べることができる。たとえば，調べたいタンパク質Pの遺伝子の末端に，黄色蛍光タンパク質YFPの遺伝子をつないだ人工遺伝子を作り，これを遺伝子操作技術を利用して細胞に入れると，Pの生成や分布をYFPの蛍光を指標として追跡できる。

グルタミン酸受容体タンパク質GluRの遺伝子の末端にYFPの遺伝子をつないだ人工遺伝子を作り，この神経細胞集団に導入を試みたところ，細胞AとBにYFPの蛍光が観測された。ここで**実験 1 ～ 4** を繰り返すと，どのような結果になると考えられるか。予測される結果をそれぞれ簡潔に記せ。

（阪大）

線虫の行動

2015年に，体長1mm程度の線虫を利用してガンを早期発見する方法が発表されて話題となった。この線虫は，約1000個の細胞しかもたないが，神経系をもち，誘引行動や忌避行動を示す。その際，誘引行動を引き起こす物質(誘引物質)と忌避行動を引き起こす物質(忌避物質)は，異なる細胞によって受容されることが知られている。

以下に，この研究の概略を紹介する。シャーレの寒天培地の一方の側(図1の＋)に調べたい液体を，(a)他方の側(図1の・)に，近くまで接近した線虫に対してある作用を示す物質を含む溶液を滴下し，多数の線虫を中央(図1のStartの○)に置く。そして，30分後に[N＋]の領域にいる個体を誘引された個体，[N－]の領域にいる個体を忌避した個体とみなし，(b)化学走性インデックス(CI)をCI＝([N＋]の個体数－[N－]の個体数)÷([N＋]の個体数＋[N－]の個体数)の式で求める。図2は正常組織とガン組織の培養液についての結果である。

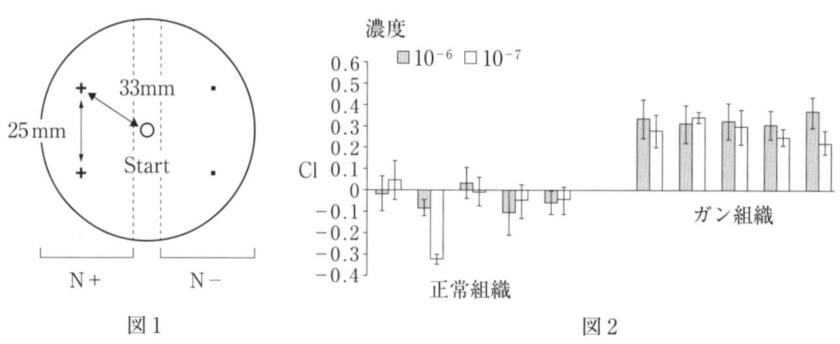

図1　　　図2

問1　下線部(a)の操作は研究において重要な意味をもっている。このことについて述べた次の文中の空欄に入る語句を，それぞれの語群より1つずつ選べ。

慣れが生じて［ア］移動すると，CIが正確に求まらないので，［イ］を用いた。調べたい液体を滴下する側には［イ］を加えないのは，研究の目的に照らしてCIの値が過大評価にならないよう［ウ］ためである。

〔アの語群〕
① 誘引物質に近づかなくなり，線虫が[N－]側に
② 忌避物質を避けなくなり，線虫が[N＋]側に

〔イの語群〕
① 運動を麻痺させる物質　　② 運動を活発にする物質

〔ウの語群〕
① 偶然接近しただけの線虫の移動を止めない
② 偶然接近しただけの線虫を移動させない

問2　下線部(b)について述べた次の①～③から１つ，図２について述べた次の④～⑥の文のうちから１つ，それぞれ正しいものを選べ。

① 誘引されている場合 CI の値は１または－1に近くなり，忌避している場合は0に近くなる。

② 誘引されている場合 CI の値は正になり，忌避している場合は負になる。

③ 誘引されている場合 CI の値は負になり，忌避している場合は正になる。

④ 図２の結果から，正常組織の細胞には忌避物質だけが含まれ，ガン組織の細胞には誘引物質だけが含まれると推論できる。

⑤ 図２の結果から，培養液に含まれる忌避物質と誘引物質に対する線虫の応答は，濃度によって影響を受けないと推論できる。

⑥ 図２の結果から，ガン組織の細胞は線虫を誘引する作用をもつ物質を分泌していると推論できる。

問3　研究を行ったグループは，さらに，線虫の突然変異体を利用して，正常組織とガン組織の培養液に対する CI を求める実験を行い，図３の結果を得ている。どのような変異体を用いたと考えられるか。また，この結果から，どのようなことが推論できるか。最も適当なものを，それぞれの選択肢から１つずつ選べ。

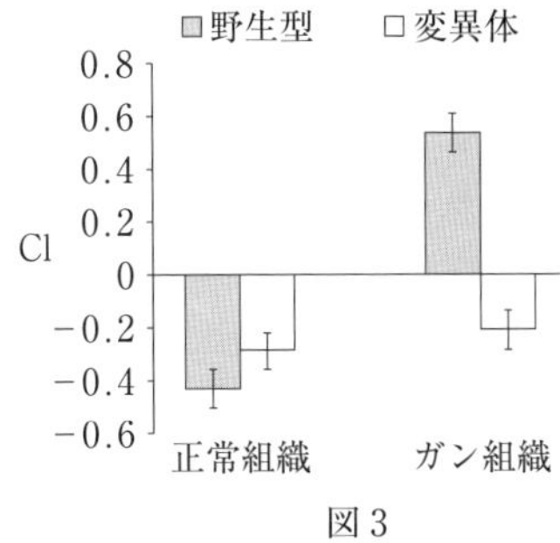

図３

〔用いた変異体〕

① 誘引物質に応答する上で必須の遺伝子の働きを欠いた変異体

② 忌避物質に応答する上で必須の遺伝子の働きを欠いた変異体

〔推論〕

① ガン組織の培養液には誘引物質だけが含まれる。

② ガン組織の培養液には誘引物質と忌避物質の両方が含まれる。

③ ガン組織の培養液には忌避物質だけが含まれる。

（岩手医大）

14 シグナル配列

真核細胞では，細胞質と核では必要とされるタンパク質が異なる。それに対応して，真核細胞は，特定のタンパク質を細胞質や核に配置するためのしくみを備えている。そのしくみの1つとして，タンパク質を構成するアミノ酸の特定の配列が，タンパク質を細胞質から核へ，または核から細胞質へと移動させたり，細胞質にとどめる，または核にとどめる働きをすることが知られている。ここでは，そのような働きをするアミノ酸配列を「荷札」と呼ぶこととする。例えば，細胞質から核へ移動させる荷札をもっているタンパク質は細胞質から核に運ばれ，核から細胞質へ移動させる荷札をもつタンパク質は核から細胞質に運ばれる。1つのタンパク質が複数の荷札をもつ場合もある。ここでは，核にとどめる荷札と細胞質にとどめる荷札は，細胞質と核のどちらかに移動させる荷札より優位に働くこととする。例えば，細胞質から核に移動させる荷札と細胞質にとどめる荷札の両方をもつタンパク質が細胞質にあるとき，タンパク質は細胞質から移動することができない。また，核から細胞質に移動させる荷札と核にとどめる荷札の両方をもつタンパク質が核にあるとき，タンパク質は核から移動することができない。

図1のように，3種類の荷札a，bおよびcと，荷札を全くもたないタンパク質Xがある。タンパク質Xを細胞の細胞質に注射して，十分な時間が経過した後に，タンパク質Xがどこに存在するかを調べたところ，細胞質に分布していた。また，タンパク質Xを核に注射して同様に調べたところ，核に分布していた。この実験結果を，次の下線部(a)のように表すこととする。(a)X［細胞質→細胞質，核→核］

次に，荷札とタンパク質Xを，さまざまな組合せでつないだタンパク質を作った。図1の［例］のように，aとタンパク質Xをつないだものはa-Xと表し，aとbとタンパク質Xをつないだものはa-b-Xと表すことにする。荷札をつけたタンパク質Xを，核または細胞質に注射して十分な時間が経過した後に観察したところ，以下の実験1～6のような結果が得られた。

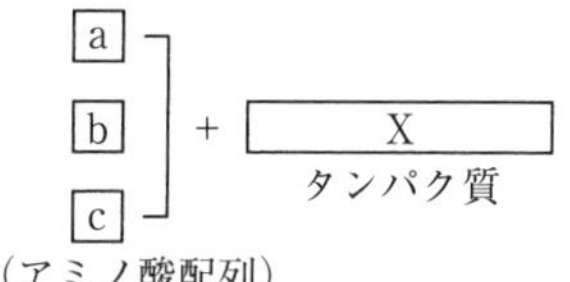

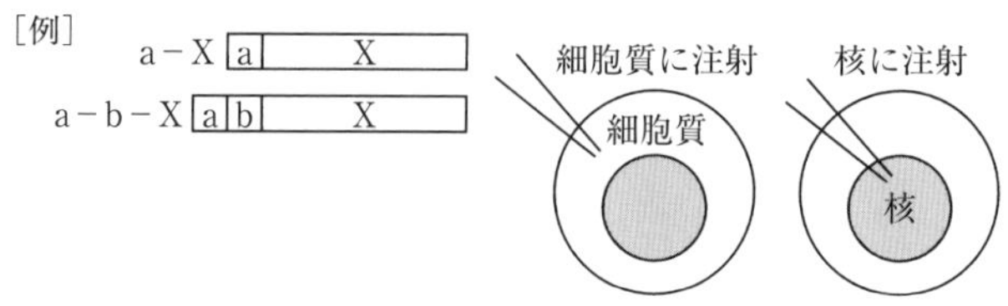

図1　タンパク質を細胞質または核に注射する実験

実験1：a-X[細胞質→核，核→核]
実験2：b-X[細胞質→細胞質，核→細胞質]
実験3：c-X[細胞質→細胞質，核→核]
実験4：a-b-X[細胞質→細胞質と核の両方，核→細胞質と核の両方]
実験5：a-c-X[細胞質→細胞質，核→核]
実験6：b-c-X[細胞質→細胞質，核→細胞質]

問1　荷札a，bおよびcの働きをそれぞれ15字以内で述べよ。

問2　a-b-c-Xを細胞質と核に注射するとどのような結果が予想されるか。下線部(a)にならって答えよ。

（名大）

レプチン

近年，血糖値調節にかかわる新しいホルモンが発見された。脂肪細胞から産生・分泌されるこのホルモンはレプチンと呼ばれ，インスリンを介さずに血糖値を下げる働きがあることがわかった。レプチンはインスリンと同様に，グルコースの細胞内への取り込みや呼吸による分解を促進するとともに，肝臓や筋肉におけるグリコーゲンの合成を促す。また，視床下部にある摂食調節中枢に作用し，摂食を抑制する。このような働きにより，血糖値が下がるだけでなく，肥満が抑えられる。

レプチンにかかわる遺伝子異常により，極端な肥満を呈した２種類のマウス(マウスA，マウスB)，および正常マウスを用いて，以下の３つの実験を行い，摂食行動の変化と体重を測定して，その結果を表１に示した。また，マウスA，マウスBのもつ遺伝子異常は異なることがわかっているものとし，各実験における接合手術とは，２匹のマウスの体の一部を外科手術で接合し，体内循環を共有させるものであり，接合手術による拒絶反応は起こらないものとする。

実験１：正常マウスとマウスAの接合手術を行い，数日間観察した。
実験２：正常マウスとマウスBの接合手術を行い，数日間観察した。
実験３：マウスAとマウスBの接合手術を行い，数日間観察した。

表１　摂食行動の変化と体重の変化

	実験１		実験２		実験３	
個　体	正常マウス	マウスA	正常マウス	マウスB	マウスA	マウスB
摂食行動	変化なし	減少	減少	変化なし	ア	ウ
体　重	変化なし	減少	減少	変化なし	イ	エ

問１　実験１と実験２の結果から，マウスAとマウスBの遺伝子異常に関する説明として最も適当なものを，次から１つ選べ。

①　マウスA，マウスBともにレプチンの分泌に異常がみられる。
②　マウスA，マウスBともにレプチンの受容体に異常がみられる。
③　マウスAはレプチンの分泌に異常，マウスBはレプチンの受容体に異常がみられる。
④　マウスAはレプチンの受容体に異常，マウスBはレプチンの分泌に異常がみられる。

問２　接合手術を行う前のマウスAのレプチン濃度に関して最も適当なものを，次から１つ選べ。

①　ほぼ０である。
②　正常マウスのレプチン濃度とほぼ同じである。
③　正常マウスのレプチン濃度より高い。

④ マウスBのレプチン濃度とほぼ同じである。

⑤ マウスBのレプチン濃度よりも高い。

問3 接合手術を行う前のマウスBのレプチン濃度に関して最も適当なものを，次から1つ選べ。

① ほぼ0である。

② 正常マウスのレプチン濃度とほぼ同じである。

③ 正常マウスのレプチン濃度より高い。

④ マウスAのレプチン濃度とほぼ同じである。

⑤ マウスAのレプチン濃度よりも低い。

問4 実験1と実験2の結果から，実験3はどのような結果になると考えられるか。表1の空欄 [ア] ～ [エ] にあてはまる語句の組合せとして最も適当なものを，次から1つ選べ。

	[ア]	[イ]	[ウ]	[エ]
①	変化なし	変化なし	変化なし	変化なし
②	減少	減少	変化なし	変化なし
③	変化なし	変化なし	減少	減少
④	減少	減少	減少	減少

（大阪医大）

ストレス防御遺伝子

私たちの細胞は放射線などのさまざまな有害なストレスにさらされている。たとえば酸化ストレスはタンパク質・DNA・脂質などの生体物質を酸化することで傷害を与え，ひいてはさまざまな疾患を発症させる。ここでタンパク質Xは，酸化ストレスから体を守る防御遺伝子を発現させる機能をもつとする。タンパク質Xの機能はタンパク質Yにより制御されており，タンパク質Y以外のタンパク質による制御は受けないとする。以下に示す3つの実験を行った。

実験1：タンパク質XあるいはタンパクY質を発現するプラスミドDNAがある。これらのDNAを培養細胞に添加すると，DNAは細胞内に取り込まれた後にそれぞれのタンパク質を発現することができる。まず培養細胞で発現させたタンパク質XとタンパクY質が存在する細胞内の部位を解析した(図1)。それぞれのタンパク質を単独に発現させると，タンパク質Xは核に，そしてタンパク質Yは細胞質に存在することがわかった。一方，タンパク質Xはタンパク質Yと同時に発現させると細胞質に存在した。この状態で，さらに酸化ストレスを発生する薬剤で細胞を処理すると，タンパク質Xは核へ移動することがわかった。このとき，タンパク質Yは細胞質にとどまっていた。ただし，この実験系ではプラスミドDNAから発現するタンパク質の作用のみを考えればよいこととする。

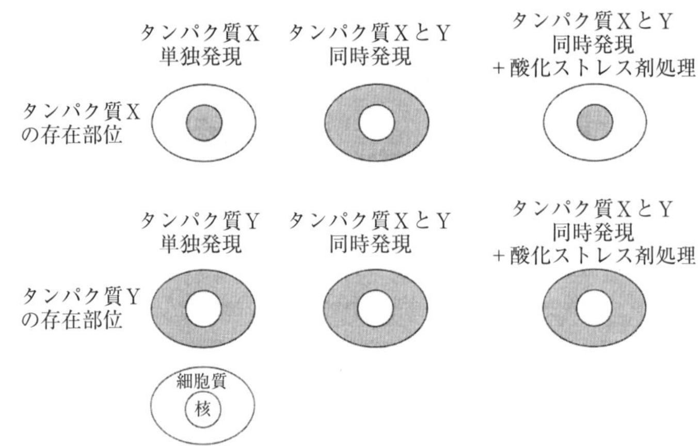

図1　発現させたタンパク質Xとタンパク質Yの細胞内の存在部位
灰色部分がタンパク質の存在部位とする。

実験2：培養細胞で発現させたタンパク質Xによる酸化ストレス防御遺伝子のmRNA発現変化を解析した(図2)。タンパク質Xのみを発現させると酸化ストレス防御遺伝子の発現が誘導されたが，タンパク質Yをともに発現させるとタンパク質Xによる遺伝子の発現誘導が抑制された。以上の結果は生体での状況を反映しているため，この実験系を用いると生体におけるタンパク質Xとタンパク質Yの機能を解析できることがわかった。

次に，タンパク質Xの分子内に存在する4つの領域の機能を調べた。そのために遺伝子組換えの技術を用いてタンパク質Xの4つの領域をそれぞれ欠失させた変異体①～④を発現するDNAを作製した。これらのDNAを用いて同様な実験を行い，図2の結果を得た。ただし，この実験系ではタンパク質Xとタンパク質Yの細胞内の発現量は一定であるとし，また培養細胞の染色体から発現するタンパク質Xとタンパク質Yによる影響はないものとする。

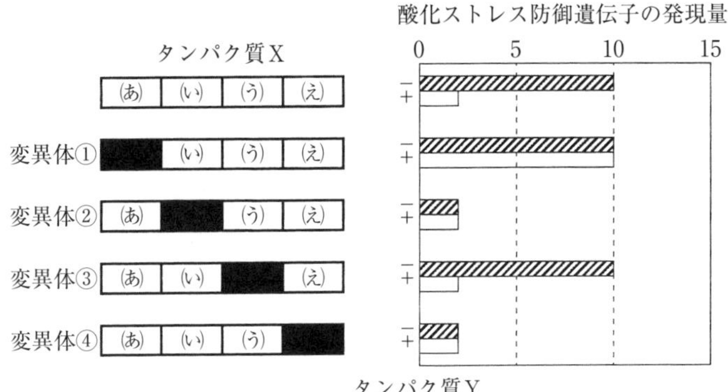

図2　タンパク質XとYの機能解析

タンパク質Xの構造を示す模式図の黒塗りの領域は欠失を表し，その両端に領域がある場合は連結されて発現する。＋または－は，それぞれタンパク質Yを同時に発現させる，発現させないことを示す。

問1　図2に示したタンパク質Xの3つの領域(あ)～(う)のいずれかは，(1)タンパク質Yと相互作用する領域，あるいは(2)mRNA合成にかかわるタンパク質と相互作用して遺伝子を発現誘導するために必要な領域に該当することがわかっている。領域(え)は，タンパク質XがDNAに結合する領域である。図2のデータから考えて，上記(1)，(2)に該当する最も適切なタンパク質Xの領域を(あ)～(う)から1つずつ選べ。

実験3：タンパク質Xの生理機能を解明するために，タンパク質Xの遺伝子を破壊したノックアウトマウスを作製した。予想外に，このノックアウトマウスは通常の飼育環境下では大きな異常を示さなかった。しかし，酸化ストレスを発生させる薬剤を投与すると，このノックアウトマウスでは酸化ストレス防御遺伝子の発現が誘導されないため，酸化ストレスに対して弱くなっていることがわかった。同様の実験を野生型マウスで行ったところ，酸化ストレス防御遺伝子の発現が誘導されて酸化ストレスに耐性があった。一方，タンパク質Yの遺伝子を破壊したノックアウトマウスは恒常的に酸化ストレス防御遺伝子が発現誘導されているため，酸化ストレスに対して強い耐性があることがわかった。

問2　下記の文章(1)と(2)は実験3の結果に関する疑問である。これら疑問に対する最も適切な考察を下の①～⑨から1つずつ選べ。

(1) なぜ通常飼育下では，タンパク質Xのノックアウトマウスは異常を示さなかったのか？

(2) なぜタンパク質Yのノックアウトマウスは酸化ストレスに強い耐性を獲得しているのか？

① 通常飼育下では，マウスの生体内にタンパク質Xを核に移動させるレベルの酸化ストレスは発生していないから。

② 通常飼育下では，マウスの生体内にタンパク質Yを核に移動させるレベルの酸化ストレスは発生していないから。

③ 他のタンパク質がタンパク質Xの欠失の影響を補っているから。

④ 他のタンパク質がタンパク質Yの欠失の影響を補っているから。

⑤ タンパク質Xがタンパク質Yの機能を抑制しているから。

⑥ タンパク質Xが細胞質にとどまっているから。

⑦ タンパク質Yが細胞質にとどまっているから。

⑧ 通常飼育下でも，タンパク質Xが核に移動したから。

⑨ 通常飼育下でも，タンパク質Yが核に移動したから。

（同志社大）

17 性決定および性行動とホルモン

動物の性が分かれるしくみは多様である。は虫類には，性染色体の種類によって性が決まる種と，産卵後，孵卵中(胚発生中)の温度によって性が決まる種の両方がいる。アメリカアリゲーター(以下，ワニとする)は孵卵中の温度によって性が決まることが知られている。ワニ卵を29℃～35℃の範囲の一定の温度で孵卵すると，オスが産まれる割合は右の図1のようになる。

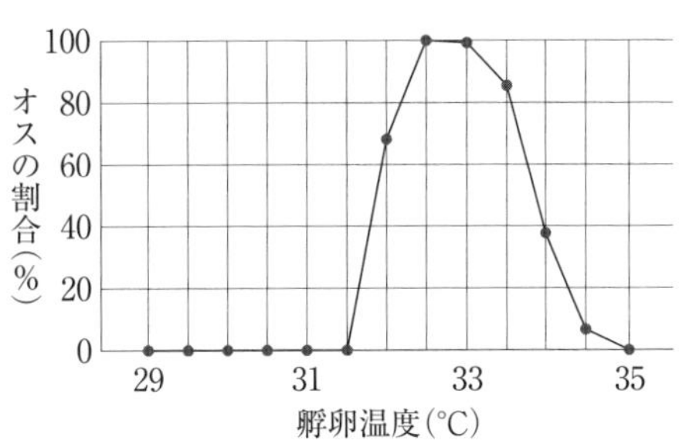

図1　ワニ卵の孵卵温度とオスの割合

問1　ワニの胚には，その発生段階に応じて1～28の番号がつけられており，発生段階28のあとに孵化する。産卵後から発生段階21まで，30℃または33℃で孵卵した卵を，発生段階21以降，さまざまな温度条件で孵卵し，孵化させた。図2はこのときの孵卵条件と，孵化したワニのオスとメスの数を示したものである。ワニの性決定における発生段階と温度の関係について，図2からわかることを80字程度で答えよ。

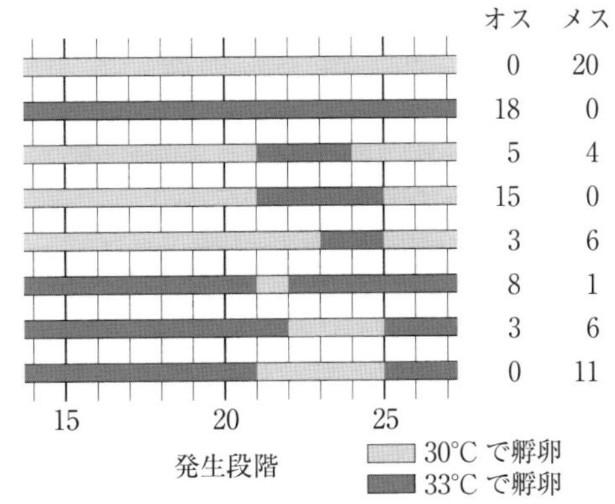

図2　孵卵条件および孵化した個体のオスとメスの数

問2　ワニの性が温度により分かれるしくみには，アロマターゼという酵素がかかわっている。アロマターゼはワニ胚における唯一のエストロゲン合成酵素で，生殖腺で発現し，テストステロンからエストロゲンをつくる。アロマターゼの働きをより詳しく調べるために以下の**実験1～3**を行った。それらの実験結果をふまえて，以下の(1)および(2)に答えよ。

実験1：33℃で孵卵しているワニ卵にエストロゲンを注射したところ，この卵から産まれたワニはすべてメスになった。

実験2：ワニ卵を30℃，33℃，35℃で孵卵し，さまざまな発生段階の胚から生殖腺を摘出した。生殖腺を水溶液中ですりつぶし，その破砕液にテストステロンを加えて，33℃で保温し，1時間当たりのエストロゲン合成量を調べることで，アロマターゼの活性を測定した。その結果を図3にまとめた。

実験3：ワニ卵を36℃で発生段階25まで孵卵し，生殖腺を摘出した。生殖腺を水溶液中ですりつぶし，その破砕液にテストステロンを加えたのち，30℃または33℃で保温し，その後，アロマターゼ活性を実験2と同様に測定した。その結果，図4のように，破砕液中のアロマターゼの活性は，30℃と33℃で保温してもほぼ同じであった。

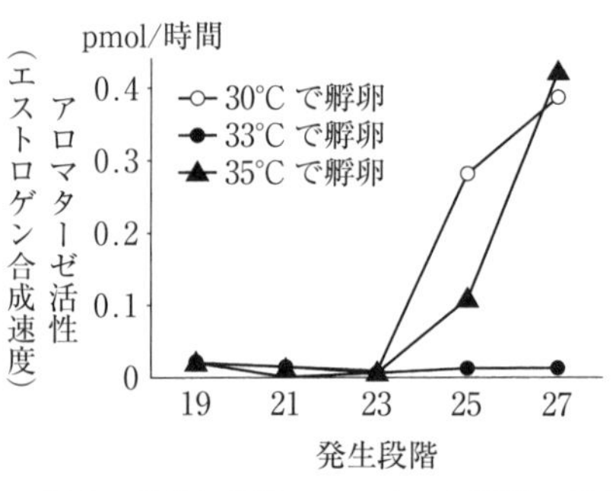

図3　発生に伴うアロマターゼ活性の変化
pmolは10^{-12}molである。

図4　アロマターゼ活性の温度依存性
pmolは10^{-12}molである。

(1)　ワニ卵を30℃，33℃，35℃で孵卵し，発生段階19になった時にアロマターゼの阻害剤を注射した。その後，そのままの温度で孵卵し，孵化させた。その際のオスの出現頻度(%)を表すグラフとして最も適当と考えられるものを，下の①～④から選べ。

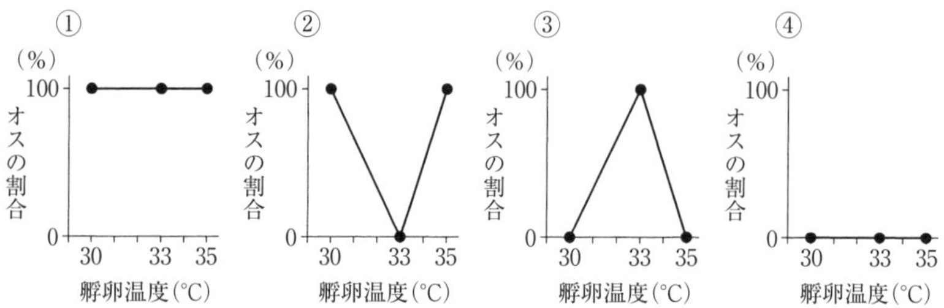

(2)　ワニの胚を30℃で孵卵するとメスが，33℃で孵卵するとオスが生まれるしくみについて，実験1～3の結果から考えられることを120字程度で答えよ。ただし，胚の生殖腺内のテストステロン量は，孵卵温度に関わらず同じとする。

問3　成熟したマウスは交尾する際に，オスはメスの上に乗るマウンティング，メスはオスを受け入れるロードーシスという性行動をとる。これらの行動は，脳のある部分によって支配されている。この脳の部分は，生後1週間以内にステロイドホルモンであるテストステロンとエストロゲンが関与して，形成される。ステロイドホルモンは，細胞内の受容体に結合することでそのシグナルを核に伝える。ステロイドホルモンが性行動を支配する脳の形成にどのようにかかわるか調べるため，マウスを使って以下の**実験**4～7を行った。それらの実験結果をふまえて，以下の(1)および(2)に答えよ。

実験4：出生1週間以内のメスの血中テストステロンの濃度は非常に低い。出生直後のメスにテストステロンを注射すると，成長後，マウンティング行動を示すようになった。

実験5：出生当日のオスからテストステロンの分泌源である精巣を摘出すると，成長後，ロードーシス行動を示すようになった。

実験6：出生前から，脳の細胞内でテストステロン受容体を欠損させたオスのマウスは，成長後，欠損させていないオスのマウスと同様にマウンティング行動を示した。

実験7：出生前から，脳の細胞内でエストロゲン受容体を欠損させたオスのマウスは，成長後，ロードーシス行動を示すようになった。また，同様に細胞内でエストロゲン受容体を欠損させたメスのマウスも，成長後，ロードーシス行動を示した。

(1) テストステロンからエストロゲンを合成する活性をもつアロマターゼは，オス，メス両方で出生時の脳の細胞に存在する。**実験**4～7の結果をふまえて，オス，メスそれぞれの性行動が示されるしくみを200字程度で答えよ。

(2) 脳の細胞でアロマターゼを欠損したオス，メスのマウスは成長後，どのような性行動をとると考えられるか。それぞれ答えよ。

（都立大）

イオンチャネル

チャネルは膜を貫通した管のような形をしており，外部からの刺激によりタンパク質の形状が変化して管が開閉する。TRPV1およびTRPM8と呼ばれる2種類のチャネルについて，それぞれがどのような刺激によって開くのかを明らかにするために，実験1～4を行った。これらの実験結果に関して，以下の問いに答えよ。なお，いずれのチャネルについても，チャネルが開くとCa^{2+}を含む陽イオンが通過するようになる。

実験1：TRPV1を発現しているマウスの細胞を5つに分けて培養した。そのうち4つには，4つの異なる品種のトウガラシの中から1つだけを選び，その抽出物をそれぞれ同量ずつ添加した。用いたトウガラシの品種は，非常に辛みの強いハバネロ種，やや強めの辛みがあるタイグリーン種，わずかな辛みのあるワックス種，およびほとんど辛みのないポブラノベルデ種である。残る1つには，トウガラシの辛み成分であるカプサイシンの精製物を添加した(図1)。

カプサイシン精製物の添加	ハバネロ種抽出物の添加	タイグリーン種抽出物の添加	ワックス種抽出物の添加	ポブラノベルデ種抽出物の添加

図1　5種類の培養実験

これらを添加した後，細胞膜を通過した陽イオンの量を測定した。得られた結果を図2に示した。

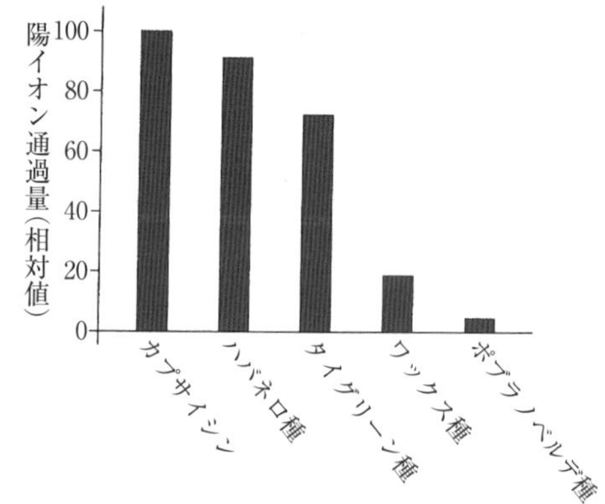

図2　細胞膜を通過した陽イオン量
(Caterina *et al., Nature* 389, 816-824, 1997を一部改変)

実験2：マウスの感覚神経細胞の一部には，カプサイシンに反応して細胞内に陽イオンの流入が起こる細胞が存在する。同様に，ミントに含まれるメントールに反応して細胞内に陽イオンの流入が起こる細胞も存在する。正常なマウスA，または遺伝子操作によってTRPM8遺伝子を破壊したマウスBから感覚神経細胞を採取し，細胞培養を行った。それぞれの培養液中に，カプサイシン，またはメントールを添加し，細胞内への陽イオンの流入が起こった細胞の割合を測定した。得られた結果を表1に示した。

表1　カプサイシンまたはメントールに反応した神経細胞の割合

細胞を採取したマウス	カプサイシンに反応した細胞	メントールに反応した細胞
マウスA	59%	18%
マウスB	61%	0%

次に，正常なマウスAから，カプサイシンに反応する感覚神経細胞，またはメントールに反応する感覚神経細胞をそれぞれ分離した。温度を急激に変化させながら，それぞれの細胞を培養し，細胞内の Ca^{2+} 濃度を連続的に測定した。得られた結果を図3に示した。

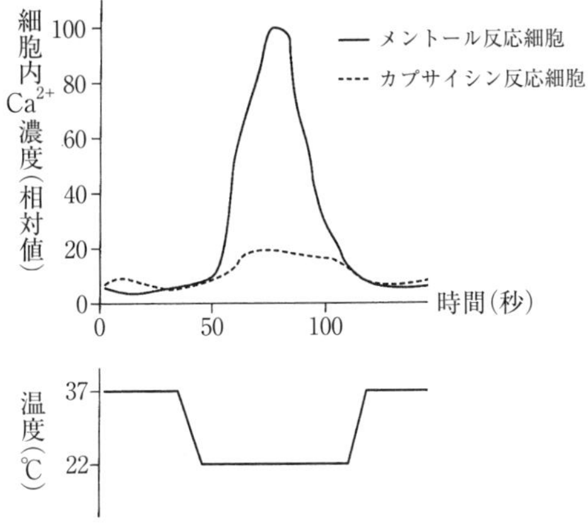

図3　温度変化にともなう細胞内 Ca^{2+} 濃度の変化
（Bautista *et al.*, *Nature* 448, 204-208, 2007 を一部改変）

実験3：正常なマウスA，TRPM8遺伝子を破壊したマウスB，またはTRPV1遺伝子を破壊したマウスCから感覚神経細胞を採取した。それぞれの細胞を短時間の間，12℃，22℃，または45℃で培養を行い，細胞内への陽イオンの流入が起こった細胞の割合を調べた。結果を表2に示した。

表2　各温度で陽イオンの流入が観察された細胞の割合

細胞を採取したマウス	12℃	22℃	45℃
マウスA	5%	18%	59%
マウスB	5%	0%	58%
マウスC	5%	19%	7%

実験4：正常なマウスA，またはTRPM8遺伝子を破壊したマウスBを，図4の装置に5分間入れて観察した。この装置の床の右半分は，常にマウスが快適と感じる30℃に設定されている。一方，左半分はさまざまな温度に変化させることができる。左半分の温度を5℃，20℃，30℃，49℃にしたとき，それぞれのマウスが床の左半分に滞在した時間を記録した。結果を次ページの図5に示した。

左半分（温度を変えられる）　右半分（常に30℃）

図4　実験4に用いた装置の概要

問1　TRPV1について，**実験1〜3**の結果から推測されることとして適切なものを，次からすべて選べ。

① TRPV1はメントール存在下で開くチャネルである。

② TRPV1はカプサイシン存在下で開くチャネルである。

③ TRPV1は45℃の高温刺激に反応して開くチャネルである。

④ TRPV1は12℃の低温刺激に反応して開くチャネルである。

⑤ マウス感覚神経細胞において，TRPV1は45℃の高温刺激に反応して開く唯一のチャネルである。

⑥ マウス感覚神経細胞において，TRPV1は12℃の低温刺激に反応して開く唯一のチャネルである。

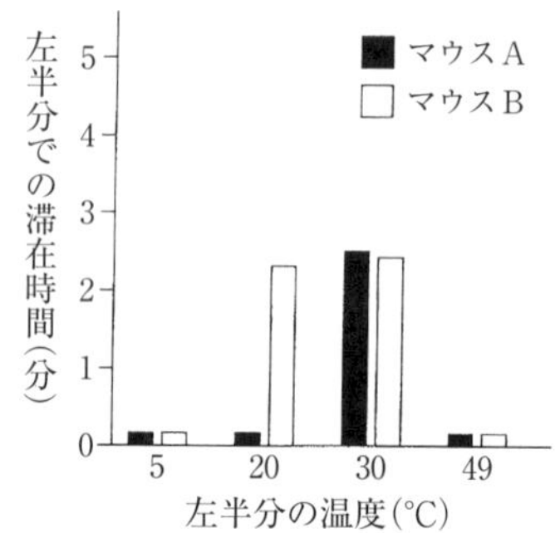

図5　装置左半分にマウスが滞在した時間と温度の関係

(Bautista *et al.*, *Nature* 448, 204-208, 2007を一部改変)

問2　TRPM8について，**実験2〜4**の結果から推測されることとして適切なものを，次からすべて選べ。

① TRPM8は22℃の低温刺激により開くチャネルである。

② TRPM8は45℃の高温刺激により開くチャネルである。

③ TRPM8はメントール存在下で開くチャネルである。

④ TRPM8はカプサイシン存在下で開くチャネルである。

⑤ マウスが20℃の低温に対して忌避反応を示すにはTRPM8が必要である。

⑥ マウスが49℃の高温に対して忌避反応を示すにはTRPM8が必要である。

問3　**実験4**において，装置の左半分を5℃にした場合と20℃にした場合との間では，マウスBの行動に違いが認められた。この理由について，**実験2〜4**の結果から推測されることとして適切なものを，次から1つ選べ。

① マウス感覚神経細胞の一部には，1つの細胞にTRPM8とTRPV1の両方を発現している細胞が存在するため。

② マウス感覚神経細胞が発現するTRPM8の一部は，5℃程度の低温でも開くため。

③ 特定の条件では，TRPM8が5℃程度の低温でも開くため。

④ 20℃程度の低温を認識するためにはTRPM8が必要であるが，5℃程度の低温を認識するためにはTRPM8は必要ではないため。

⑤ 5℃程度の低温を認識するためにはTRPM8が必要であるが，20℃程度の低温を認識するためにはTRPM8は必要ではないため。

90 **問4**　ヒトが，ミントの葉に含まれるメントールを口に含むと，冷たく感じることがある。その理由について，TRPV1 または TRPM8 のいずれかの語を用い，80字以内で記せ。ただし，ヒトもマウスも，TRPV1 および TRPM8 は同様な機能をもつものとする。なお，アルファベットを使用する場合には1文字を1字とカウントする（TRPV1 は5字と数える）。

（岐阜大）

19 線虫の分化

[文１]　多くの生物の発生は，１個の細胞からなる受精卵から始まる。発生の過程では，細胞分裂が繰り返し起こって多数の細胞がつくられ，それらは多様な性質をもった細胞に分化しながら生物の体をつくり上げていく。分裂により生じた細胞は親細胞の性質を受け継ぐこともあるが，(ア)他の細胞との相互作用により性質を変化させることもある。発生学の研究によく用いられる生物である「線虫」での一例について，いくつかの実験を通して細胞分化のしくみを考察しよう。

発生のある時期において，生殖腺原基の中の２つの細胞，Ａ細胞とＢ細胞は，図１のように隣り合わせに配置しているが，いずれもそれ以上分裂せず，その後，Ｃ細胞と呼ばれる細胞かＤ細胞と呼ばれる細胞に分化する(図２(a))。その際，Ａ細胞，Ｂ細胞のそれぞれがＣ細胞とＤ細胞のいずれの細胞になるかは，個体によって異なっていて，ランダムに一方のパターンが選ばれるようにみえる。しかしＣ細胞が２個またはＤ細胞が２個できることはない。どうしてうまく２種類の細胞になるのだろうか。以下の実験をみてみよう。

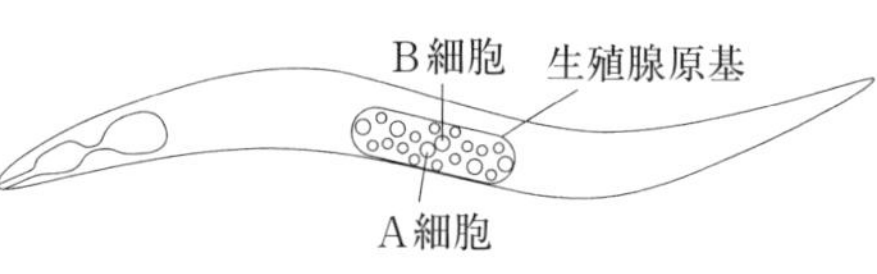

図１　線虫の幼虫

実験１：*X* 遺伝子の突然変異によりＸタンパク質が変化した突然変異体線虫が２種類みつかった。ひとつは，Ｘタンパク質が，Ｘ(－)という機能できない形に変化した変異体である(以下これを *X(－)* 変異体と呼ぶ)。もうひとつは，Ｘタンパク質が，常に機能してしまうＸ(++)という形に変化した変異体である(以下これを *X(++)* 変異体と呼ぶ)。なお，正常型の(変異型でない)Ｘタンパク質をＸ(+)と書くことにする。*X(－)* 変異体ではＡ細胞とＢ細胞がいずれもＣ細胞に分化した。*X(++)* 変異体ではＡ細胞とＢ細胞がいずれもＤ細胞に分化した(図２(b))。

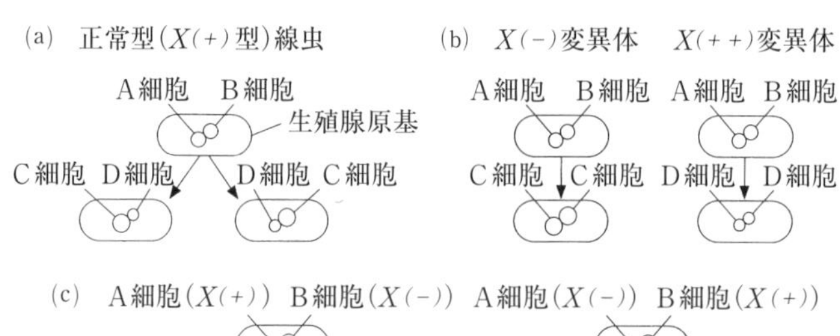

図２　線虫のＣ細胞とＤ細胞の分化の過程
Ａ細胞～Ｄ細胞以外の細胞は省略した。

実験 2：遺伝学の実験手法を用いて，A細胞とB細胞のうち，一方の細胞だけの遺伝子がX(−)を生じる変異をもつようにした(他方の細胞はX(+)を生じる正常型遺伝子をもつ)。すると，*X(−)*遺伝子をもつ細胞が必ずC細胞に，*X(+)*遺伝子をもつ細胞が必ずD細胞に分化した(図 2(c))。

問 1　文 1 および実験 1，2 の結果から，どういうことがいえるか。次の選択肢①〜⑥から適切なものをすべて選べ。(注：ここでいう分化とは，もともとA細胞またはB細胞であった細胞が，C細胞に分化するか，D細胞に分化するかということ。)

①　A細胞とB細胞は相互に影響を及ぼし合いながらそれぞれの分化を決定している。

②　A細胞とB細胞は他方の細胞とは関係なくそれぞれの分化を決定する。

③　A細胞はB細胞に影響を及ぼさないが，B細胞はA細胞に影響を及ぼしてA細胞の分化を決定する。

④　A細胞またはB細胞がC細胞に分化するにはその細胞でXタンパク質が働くことが必要である。

⑤　A細胞またはB細胞がD細胞に分化するにはその細胞でXタンパク質が働くことが必要である。

⑥　A細胞またはB細胞がD細胞に分化するには他方の細胞でXタンパク質が働くことが必要である。

［文 2］　C細胞とD細胞の分化に関係するもうひとつのタンパク質として，Xタンパク質に結合するYタンパク質がみつかった。Yタンパク質の機能がなくなる変異体(*Y(−)*変異体)では*X(−)*変異体と同様にA細胞とB細胞がいずれもC細胞に分化した。

実験 3：各細胞でのXタンパク質の量を調べたところ，次ページの図 3(a)のような結果が得られた。

実験 4：各細胞でのYタンパク質の量を調べたところ，次ページの図 3(b)のような結果が得られた。

(問題は次ページに続く)

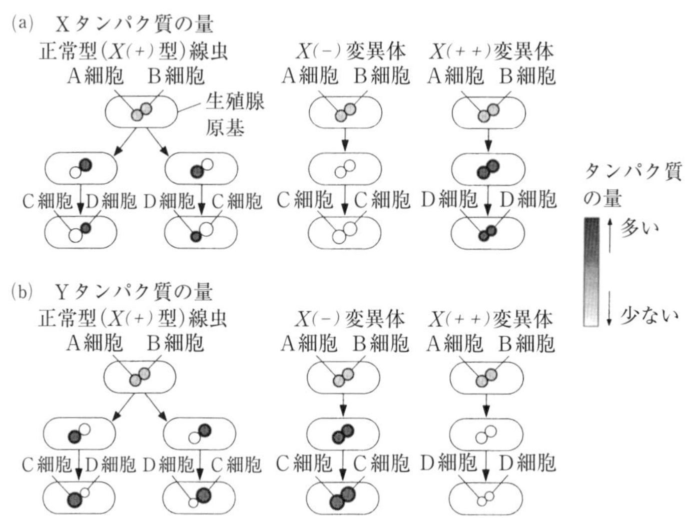

図3 各細胞でXタンパク質(a)とYタンパク質(b)の量の変化
A細胞～D細胞以外の細胞は省略した。

Xタンパク質の細胞の外側に位置する部分にYタンパク質が結合すると，Xタンパク質は活性化され，その情報を核の中に伝え，*X* 遺伝子と *Y* 遺伝子の発現(転写)を制御する(図4)。

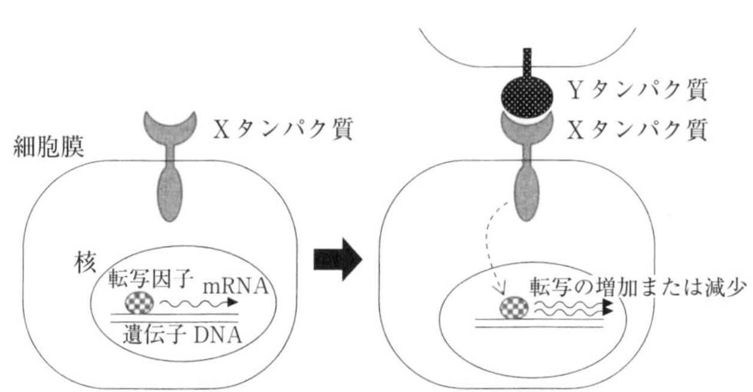

図4 Xタンパク質とYタンパク質の働きかた

問2 文1，文2の内容と実験1～4の結果から，以下の文中の空欄1～5に入る適切な語句をそれぞれ下記の選択肢①～⑩から選べ。ただし，同じ選択肢を何度選んでもよい。

A細胞とB細胞が生じた直後は，いずれの細胞も同程度のXタンパク質とYタンパク質を発現している。一方の細胞から突き出ているYタンパク質は隣の細胞の[1]タンパク質に作用し，そのタンパク質の働きを強める。その結果，作用を受けた細胞ではYタンパク質が[2]し，Xタンパク質が[3]する。A細胞とB細胞が生じた直後には，上記の作用がA細胞とB細胞の間で拮抗しているが，一旦バランスが崩れると，Yタンパク質の量は一方の細胞で急激に増えて他方の細胞では急激に減ることになる。Yタンパク質が増加した細胞のXタンパク質は[4]し，その細胞は[5]細胞に分化する。

① A　② B　③ C　④ D　⑤ X　⑥ Y
⑦ 変異　⑧ 分化　⑨ 増加　⑩ 減少

問3　正常型の線虫で，A細胞とB細胞が生じた直後に一方の細胞をレーザーにより破壊した。このとき，残った細胞はC細胞，D細胞のいずれになると予想されるか。文1，文2の内容と実験1～4の結果をもとに考察し，次の用語を用いて100字以内で答えよ。

〔用語〕　Xタンパク質の量，Yタンパク質の量，*X*遺伝子の転写，*Y*遺伝子の転写

（東大）

地球外生命体の遺伝暗号

西暦2240年，探査隊はある惑星上の大気中で，可視光を発光しつつゆっくりと大きくなる物体を発見した。この物体は，人類が初めて発見した地球外生命体であった。

そしてさまざまな研究の結果，ついにこの地球外生命体の遺伝物質の特定に成功した。この遺伝物質は３種類の分子 α, β, γ が直鎖状に重合したポリマーであった。ポリマー中の，α, β, γ の各分子に対応する部分を遺伝基と命名した。この遺伝物質の情報を基に，a，b，c，d，e，f，g，h，i，j，k，l，m，n，o，p，q，r，s，t，u，v，w，x，y の25種類の分子が直鎖状につながったポリマーが作られ，このポリマーが地球上のタンパク質のようにさまざまな役割を果たしていた。ポリマー中における a ～ y の各分子に対応する部分を残基と呼ぶことにした。また，前者のポリマーを遺伝ポリマー，後者のポリマーをタンパク質様ポリマーと呼ぶことにした。この両者がどのように対応しているのかを知るために，人工的に合成した遺伝ポリマーからどのようなタンパク質様ポリマーがつくられるかを，細胞から精製した一群の分子を用いて実験した。まず，α と β の組合せだけで実験を行った。実験の結果が表１である。表の左が遺伝ポリマー，右がつくられたタンパク質様ポリマーである。この実験系においては，遺伝ポリマーからタンパク質様ポリマーの合成が始まる遺伝ポリマー上の位置は，ランダムに決まることが実験の結果からわかった。

表１　遺伝ポリマーとタンパク質様ポリマーの対応

遺伝ポリマー	タンパク質様ポリマー
$(\alpha)_n$	$(\mathrm{a})_n$
$(\beta)_n$	$(\mathrm{b})_n$
$(\alpha\beta)_n$	$(\mathrm{g})_n$ $(\mathrm{l})_n$
$(\alpha\alpha\beta)_n$	$(\mathrm{dfk})_n$
$(\alpha\alpha\alpha\beta)_n$	$(\mathrm{c})_n$ $(\mathrm{d})_n$ $(\mathrm{f})_n$ $(\mathrm{j})_n$
$(\alpha\alpha\beta\beta)_n$	$(\mathrm{e})_n$ $(\mathrm{h})_n$ $(\mathrm{n})_n$ $(\mathrm{k})_n$
$(\alpha\alpha\alpha\alpha\beta)_n$	$(\mathrm{ajfdc})_n$
$(\alpha\alpha\alpha\beta\beta)_n$	$(\mathrm{cjnhe})_n$

表１において，$(\mathrm{A})_n$ とは，Aの繰り返し構造を表すものとする。たとえば，$(\alpha\beta)_n$ は，$\cdots\alpha\beta\alpha\beta\alpha\beta\alpha\beta\cdots$ のように，ポリマーが $\alpha\beta$ の繰り返し構造であることを示している。

問１　文中の地球外生命体においては，遺伝基いくつで１つのタンパク質様ポリマー残基を指定しているか。ただし，遺伝ポリマーと合成されたタンパク質様ポリマーの長さの解析から，１残基を指定する遺伝基の数は最大でも７であることがわかっている。

問２　遺伝ポリマー$(\alpha\alpha\alpha\alpha\alpha\beta)_n$ から合成されるタンパク質様ポリマーをすべて示せ。ただし，表記は表１に準ずるものとする。

（名大）

すぐに解説・解答を見たりせず，１つ１つじっくりと考えたうえで解説・解答を見るようにしましょう。解答にたどり着くまでの思考過程を大切にしてください。

ここまでしっかりマスターしてきた皆さんの思考力・考察力は，飛躍的にパワーアップしているはずです。自信をもって大丈夫ですよ！ 考察問題なんて怖くないっ！

大森 徹

大学受験 DO Series

大森徹の生物 実験・考察問題の解法

解答と解説

旺文社

大森徹の生物
実験・考察問題の解法

解答と解説

旺文社

1 調節遺伝子の発現パターンと誘導 難易度★★☆

アプローチ 実験１～３

実験１：遺伝子Ａが中央部分で正常に発現すると，遺伝子Ｂも中央部分で発現します(図１のｂ)。ですが，遺伝子Ａが欠失した変異体では，図１ｄのように遺伝子Ｂが中央部で発現しなくなりました。ということは，**遺伝子Ａが発現すると，遺伝子Ｂの発現が誘導される**とわかります。

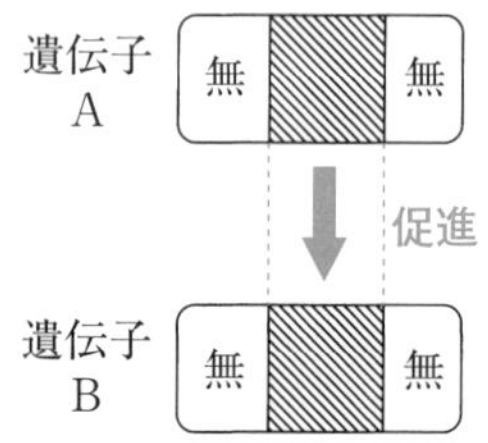

また，18～22行目にあるように，遺伝子Ｂが欠失しても遺伝子Ａの発現には影響がないので，**遺伝子Ｂは遺伝子Ａの発現に対して，誘導も抑制もしていない**とわかります。**「無反応無関係の法則」**ですね。

実験２：もともと遺伝子Ｃは中央部では発現しません。ところが，遺伝子Ａが欠失した変異体では図１ｅのように中央部でも遺伝子Ｃが発現します。**遺伝子Ａが働かないと遺伝子Ｃが中央部で発現する**，ということは…。そう！ これは**「鍵無しびっくり箱の法則」**の出番ですね。**遺伝子Ａは，遺伝子Ｃの中央部での発現を抑制する**とわかります。

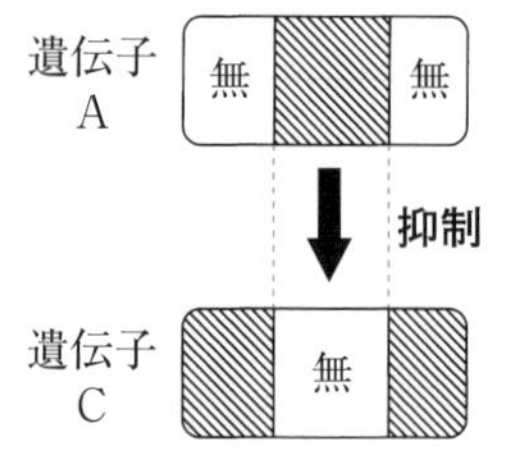

また，27～28行目にあるように，遺伝子Ｃが欠失しても遺伝子Ａの発現には影響がないので，**遺伝子Ｃは遺伝子Ａの発現に対して，誘導も抑制もしていない(「無関係無反応の法則」)**とわかります。

実験３：もともと遺伝子Ｂは中央部でのみ発現し，両端では発現しません。ところが，**遺伝子Ｃが欠失した変異体では，遺伝子Ｂが図１ｆのように両端でも発現します**。これも**「鍵なしびっくり箱の法則」**ですね。**遺伝子Ｃは遺伝子Ｂの両端での発現を抑制する**とわかります。また，遺伝子Ｃを全体で(中央部でも)発現させると，遺伝子Ｂは全く発現しなくなったということからも，遺伝子Ｃが遺伝子Ｂの発現を抑制していることがわかります。

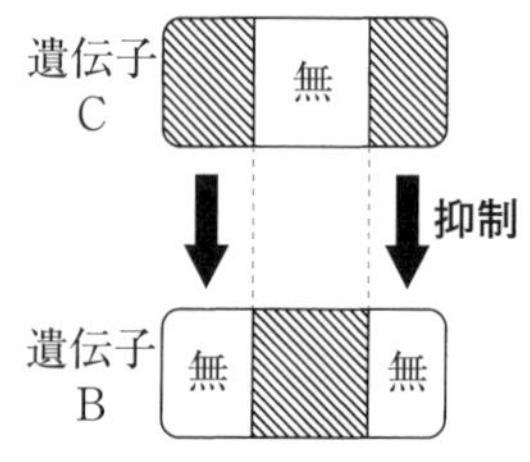

ところで，遺伝子Ｃを全体で(中央部でも)発現させると，**中央部では，遺伝子Ａと遺伝子Ｃが両方働いている状態に**なります。遺伝子Ａは遺伝子Ｂに「発現しろ！」と命令し，遺伝子Ｃは遺伝子Ｂに「発現するな！」といい，でも結果的に**遺伝子Ｂは全く発現しなくなった**のですから，**遺伝子Ｃの作用**

の方が，遺伝子Aの作用より強いと判断できます。

 解答へのプロセス ― 問１～問５

問１，２　アプローチ 実験１～３ で考えた通りですが，解答を書くときには，きちんと指示に従い，誘導(促進)する場合は→，抑制する場合は⊣の記号を使って答えます。遺伝子Ａ→遺伝子Ｂ，遺伝子Ａ⊣遺伝子Ｃですね。

問３　これも アプローチ 実験１～３ で考えた通りの内容を論述すればOKです。具体的には，「**遺伝子Aは遺伝子Bの発現を誘導，遺伝子Cは遺伝子Bの発現を抑制する**」こと。さらに，31行目の「このとき，」以下にあるように，**実験３**では「**遺伝子Cと遺伝子Aの発現量は同じ**」なのに，「**遺伝子Bの発現がみられない＝Cの抑制作用が現れた**」ことの３点について書きます。

問４，５　まず，遺伝子Ａは遺伝子Ｃの発現を抑制するので，**遺伝子Aを胚全体で発現させると遺伝子Cは胚全体で発現しなくなります**。発現しない場合は，指示に従って「無」と記入することを忘れないようにしましょう。

また，遺伝子Ａは遺伝子Ｂの発現を誘導するので，**遺伝子Aを胚全体で発現させると胚全体で遺伝子Bの発現が誘導されます**。このとき，遺伝子Ｃは遺伝子Ａに発現を抑制されているので，遺伝子Ｃの遺伝子Ｂへの働き(発現抑制)は，考えなくても大丈夫です。**実験３**では実験的に遺伝子Ｃを胚全体で発現させて，遺伝子Ａと遺伝子Ｃが中央部で同時に働いている状況を作っていることに気をつけましょう。

アプローチ 実験４

次に**実験４**について，順に分析していきましょう。**実験４**の図２のｄ～ｇは，すべて遺伝子Ｄの発現パターンがどうなるか，という実験結果です。つまり，**実験４**では，**遺伝子Dの発現における，遺伝子EとFそれぞれの影響を調べていることがわかりますね**。

ア　イ　エ　オ
遺伝子D　無　無
ウ

⑴　図２のａで，遺伝子Ｄの発現の有無が異なる領域を，右図のようにア～オとおくことにします。

⑵　遺伝子Ｅの遺伝子Ｄへの影響を考えましょう。

本来であれば，遺伝子Ｅは領域イ・ウ・エで発現し，遺伝子Ｄは領域イとエで発現しますが，遺伝子Ｅ欠失の変異体ではＤが全く発現しません(図２ｄ)。よって，**遺伝子Eは遺伝子Dの発現を誘導する**とわかります。

しかし，図２ｅを見てみると，遺伝子Ｅ(遺伝子Ｄの発現を誘導する)を胚の全体で発現させても，遺伝子Ｄは領域ウとオでは発現しません。よって，領域ウと領域オでは，何かが遺伝子Ｄの発現を抑制していると推測できます。

(3) 次に，遺伝子Ｆの遺伝子Ｄへの影響を考えましょう。

図２ｆを見てみると，もともと領域ウとオで発現している遺伝子Ｆが欠失した変異体では，領域ウでも遺伝子Ｄが発現するようになります。よって，遺伝子Ｆは領域ウでの遺伝子Ｄの発現を抑制しているとわかります。

(4) ここまでで，遺伝子Ｅは遺伝子Ｄの発現を誘導し，遺伝子Ｆは遺伝子Ｄの発現を抑制するということがわかりました。では，遺伝子Ｅと遺伝子Ｆ，どちらが強い効果をもっているのでしょうか？

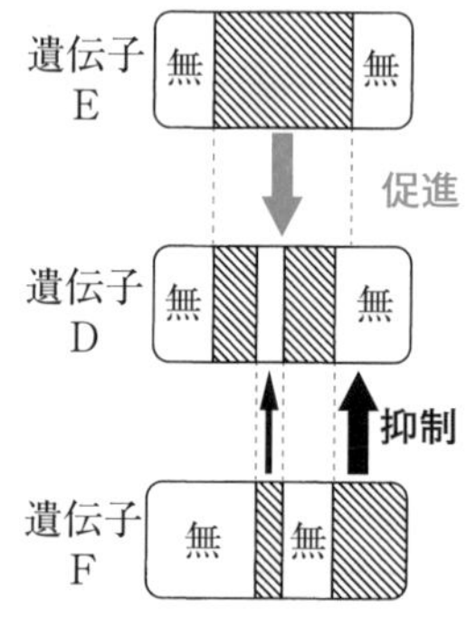

図２ａ～ｃの領域エとオをよく見てください。遺伝子Ｄが発現している領域エは，遺伝子Ｅが発現している領域より，少し狭いですね。そして遺伝子Ｄが発現していない領域オの範囲は，遺伝子Ｆが発現している範囲にぴったり重なるようです。また，図２ｇで遺伝子Ｆを胚全体で発現させると，遺伝子Ｅが発現している領域でも遺伝子Ｄは発現しません。つまり，遺伝子Ｆの効果（発現抑制）の方が，遺伝子Ｅ（発現誘導）よりも強いとわかりますね。

解答へのプロセス ― 問６，７

問６ 遺伝子Ｅは遺伝子Ｄの発現を誘導し，遺伝子ＦはＤ遺伝子の発現を抑制します。解答は，例にならって答えます。E↘D、F⊣D（E と F から D へ）のようには答えないようにしましょう。

問７ アプローチ 実験４ の(4)の通りですね。

解答

問１ Ａ→Ｂ　**問２** Ａ⊣Ｃ

問３ Ｂの発現はＡにより誘導，Ｃにより抑制されるが，両方が同程度発現した場合はＣによる抑制作用が現れることからＣの作用が強い。(60字)

問４ （斜線の四角）　**問５** 無　**問６** Ｅ→Ｄ⊢Ｆ　**問７** 遺伝子Ｆ

2 カタラーゼ輸送

難易度 ★☆☆

アプローチ　表1

(1) まず，2～3行目に書いてある「カタラーゼがXの中へ運ばれるためには，Xの膜の上と細胞質基質に存在する複数のタンパク質の働きが必要」という部分をしっかり確認しましょう。

ここからは，Xの膜上のタンパク質を☆，細胞質基質のタンパク質を◎として考えていきましょう。聞いたことがない名称の「セミインタクト細胞」ですが，9行目からの**実験1**の説明部分にちゃんと説明が書いてあります。「細胞質基質のみを洗い流す」のですから，◎は存在しなくなります。しかし，「細胞内構造物は生きた状態に保たれたまま」なので☆は存在します。

よって，正常であれば，表1，2のセミインタクト細胞には☆が，加えた細胞質基質には◎があります。

(2) 7行目の「ただし，」にあるように，「4人の患者さんの変異は1つの遺伝子にのみ生じている」のですから，☆と◎の両方に変異があることはありません。もし☆に変異があれば，◎は正常と考えられます。

(3) では，表1を分析しましょう。

たとえば，セミインタクト細胞が S_A で，加えた細胞質基質が P_B のときには，カタラーゼがXの中に輸送されています。ということは，S_A の☆は正常，P_B の◎も正常だったということになります。逆に P_A，P_C，P_D の◎は正常ではないとわかります。

(4) P_B の◎が正常なのに，セミインタクト細胞が S_B の場合はカタラーゼ輸送が起こりません。それは S_B の☆が正常ではないからです！

セミインタクト細胞☆	加えた細胞質基質　◎	カタラーゼ輸送
S_A	P_A	−
	P_B	＋
	P_C	−
	P_D	−
S_B	P_A	−
	P_B	−
	P_C	−
	P_D	−
S_C	P_A	−
	P_B	＋
	P_C	−
	P_D	−
S_D	P_A	−
	P_B	＋
	P_C	−
	P_D	−

解答へのプロセス — 問1

問1　最終的に，Xの膜上にあるタンパク質によってカタラーゼがXの中に運ばれるので，まず細胞質基質中の◎によってXの方へ運ばれ，次に☆によってXの中に取り込まれると考えられます。反応に順番があるときは「ツメダメの法則」が使えます！　この場合も，ツメで働く☆に欠陥があると，どの細胞質基質を加えてもカタラーゼが取り込めないので，いつでもカタラーゼ輸送が「－」になるセミインタクト細胞を探せば，一瞬で解けますね。

アプローチ　表2

⑴　今度は表2を分析しましょう。
セミインタクト細胞 S_B は☆が異常なので，どの細胞質基質を加えてもカタラーゼ輸送は起こりません。一方，S_A・S_C・S_D は加える細胞質基質によってはカタラーゼ輸送が起こります。ということは，☆は正常だということですね。

セミインタクト細胞☆	加えた細胞質基質　◎	カタラーゼ輸送
S_A	P_A+P_B	＋
	P_A+P_C	＋
	P_A+P_D	－
S_B	P_B+P_A	－
	P_B+P_C	－
	P_B+P_D	－
S_C	P_C+P_A	＋
	P_C+P_B	＋
	P_C+P_D	＋
S_D	P_D+P_A	－
	P_D+P_B	＋
	P_D+P_C	＋

⑵　表1で S_A に P_A のみあるいは P_C のみを加えた場合はカタラーゼが輸送されなかったのに，P_A と P_C の両方を加えるとカタラーゼが輸送されるようになりました。ということは，細胞質基質に存在するカタラーゼ輸送に必要なタンパク質は1種類ではなく複数種類あり，P_A と P_C の細胞質基質を混ぜ合わせたところ，正常な成分が揃ったのだと考えられます。たとえば細胞質基質には●と○が必要で，P_A には●があるけれど○はない，P_C には○があるけれど●がない，ということですね。同様に，P_C+P_D でも必要な成分が揃うとわかります。

⑶　一方，細胞質基質が正常な P_B には●と○の両方が揃っているので，細胞質基質に P_B を用いれば，もう1つの細胞質基質が P_A・P_C・P_D のいずれでも，S_A・S_C・S_D では必ずカタラーゼ輸送がみられます。

⑷　ところが，P_A+P_D では必要な成分がそろわないのです。これは…，「け・け・けの法則」ですね！

解答へのプロセス — 問 2

問 2　「遺伝的変異が同じ遺伝子に生じている」＝「同じ場所に欠陥がある」ものを探せばよいのです。すなわち，「け・け・けの法則」より，２つの細胞質基質を組み合わせても，カタラーゼ輸送が「－」になるものの組み合わせを探せば，これも一瞬で解くことができます。

問 1　B　　**問 2**　AとD

3 植物の防御応答

難易度 ★☆☆

アプローチ

(1) まず，問題文の４～５行目に書いてある実験材料を確認しておきましょう。「感染刺激に応じて複数のACS遺伝子を発現させることによってエチレン生産量を調節する」植物を用いて実験しています。

(2) そして実験目的は，６～７行目に書いてあります。「７つのACS遺伝子のうち，どのACS遺伝子が防御応答にかかわっているかを明らかにするため」です。すなわち，病原菌を接種されると，それに応じて**発現してエチレン生産を行う遺伝子もあれば，発現しない遺伝子もある**のですね。

(3) たくさんデータがありますが，**STAGE 8 対照実験**(p.24)で学習したように，「１つのみ異なるもの」どうしを，慌てず，焦らず，１つ１つ(というか２つずつ)比較していきましょう。

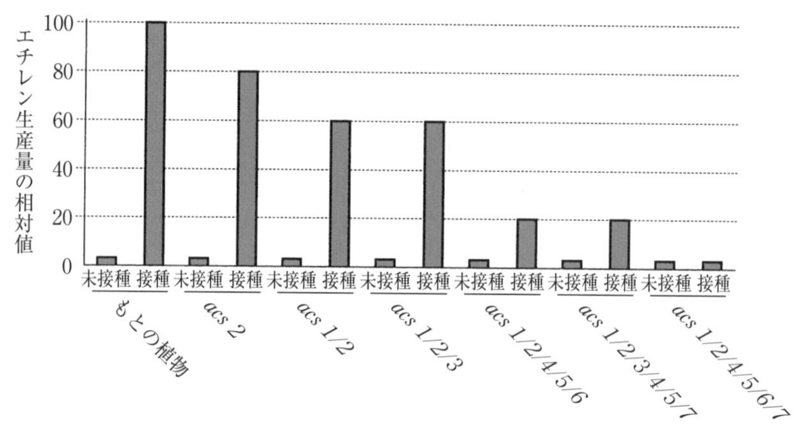

図１　ACS遺伝子の欠損変異が病原菌接種によるエチレン生産量に及ぼす影響

① もとの植物(ACS1～7すべてが正常)と *acs 2* (ACS2のみ欠損，ACS1, 3～7は正常)とを比べます。すると，病原菌を接種したときのエチレン生産量がもとの植物に比べて *acs 2* では少なくなっています。

➡ **ACS 2 遺伝子は防御応答に関与する**とわかります。

② *acs 2* (ACS 2のみ欠損)と *acs 1/2* (ACS1とACS2の２つが欠損)を比べます。*acs 1/2* の方が *acs 2* よりもエチレン生産量が少なくなっています。

➡ **ACS 1 遺伝子も防御応答に関与する。**

③ *acs 1/2* と *acs 1/2/3* を比べます。エチレン生産量は変わりません。

ACS3 遺伝子が正常でも ACS3 遺伝子が欠損していてもエチレン生産量が変わらないのですから，「無関係無反応の法則」より次のことがわかります。

➡ ACS3 遺伝子は防御応答に関与しない。

④ *acs 1/2* に比べると *acs 1/2/4/5/6* ではエチレン生産量が減少しています。ACS4，5，6 のうちのどれかは防御応答に関与していることはわかります。でも ACS4，5，6のうちのどれが防御応答に関与しているのかはわかりません。

⑤ *acs 1/2/4/5/6* に比べると *acs 1/2/4/5/6/7* ではエチレン生産量が減少しています。これらの違いは ACS7 が正常か，ACS7 が欠損しているかの違いです。

➡ ACS7 遺伝子は防御応答に関与する。

⑥ *acs 1/2/3/4/5/7* と *acs 1/2/4/5/6/7* を比べます。違うのは ACS3 が正常か欠損か，ACS6 が正常か欠損かの 2 つです。でも ACS3 遺伝子は防御応答に無関係だとわかっているので，ACS6 が正常か欠損かだけが異なると考えることができます。そして ACS6 遺伝子が欠損している方がエチレン生産量が少ないのですから…，

➡ ACS6 遺伝子は防御応答に関与する。

(4) これで ACS1，2，3，6，7 の関与の有無がわかりました。あとは ACS4 と 5 だけですね。次は**実験 2** です。**実験 2** では ACS 遺伝子から生じた mRNA の量を調べています。mRNA の生産量すなわち転写量です。転写量が多い＝その遺伝子が発現していることを意味します。

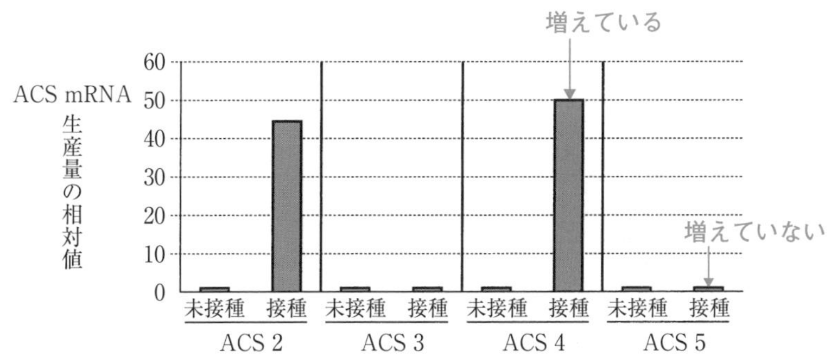

図 2　病原菌接種で誘導された ACS mRNA の生産量

防御応答に関与するとわかった ACS2 では，病原菌接種により mRNA の

生産量が増加しています。確かに防御応答に関与しています。一方，防御応答に関与しないとわかったACS3では病原菌を接種しても転写量は増えていません。確かに防御応答に関与していないと確認できます。

(5) さあ，調べたかったACS4と5です。

① ACS4は，病原菌接種によりmRNAの生産量が増加しています。

➡ **ACS4は防御応答に関与している**とわかります。

② ACS5は，病原菌を接種してもmRNA生産量は未接種の場合と全く変わらず，増加していません。

➡ **ACS5遺伝子は防御応答に関与しない**とわかります。

解答へのプロセス

問1 基本的な知識問題です。

① 発芽を促進するのはジベレリン，発芽を抑制するのはアブシシン酸です。

② 光屈性に関与するのはオーキシンです。

③ 花芽形成に関与するのはフロリゲンです。

④ 果実の形成にはオーキシンやジベレリンが関与しますが，果実の成熟にはエチレンが関与します。

⑤ 落葉を抑制するのはオーキシン，落葉を促進するのはエチレンです。

⑥ 休眠を維持するのはアブシシン酸，休眠を打破するのはジベレリンです。

問2 アプローチで考えた通りですね!!

解答

問1 ④，⑤

問2

ACS1	ACS2	ACS3	ACS4	ACS5	ACS6	ACS7
○	○	×	○	×	○	○

4 発芽の制御

難易度 ★☆☆

アプローチ

(1) まずは知識の確認です。

ジベレリンは休眠を打破して発芽促進に働くホルモン，アブシシン酸は休眠を維持して発芽を抑制するホルモンです。

胚で合成されたジベレリンは，糊粉層の細胞のアミラーゼ遺伝子を活性化します。その結果つくられたアミラーゼによって胚乳中のデンプンが分解された糖が生じます。この糖が胚に送られ，呼吸基質になったり，新しい細胞の材料として使われ，発芽が起こります。

(2) この実験では，試料から調整した抽出液とデンプン水溶液を混合し，ヨウ素液を加えて呈色反応を調べています。すなわち，デンプンが分解されずに残っているとヨウ素反応が起こり青色の呈色反応が見られ(＋)，抽出物の中にアミラーゼが生じていればデンプンが分解されるので呈色反応は見られない(－)のです

(3) したがって，実験結果の表の＋はアミラーゼが合成されなかった＝ジベレリンが作用しなかった，－はアミラーゼが合成された＝ジベレリンが作用したということを表しています。

(4) ホルモンAを与えると，野生型であっても反応が＋，すなわちアミラーゼが合成されない＝ジベレリンが作用できなかったので，ホルモンAはジベレリンの休眠打破という働きを抑制し，休眠を維持するホルモンだと考えられます。

よって，ホルモンAはアブシシン酸です。

(5) ホルモンBを与えると，突然変異体2以外では，すべて－になっています。すなわち，ちゃんとアミラーゼが合成された＝ジベレリンが作用したということを意味します。よってホルモンBはジベレリンです。

(6) それでは，いよいよ反応の順番を調べていきましょう。

問題文の7行目に書いてあるように，C，D，EはBのジベレリンが合成される過程の前駆物質です。

表において，加えた物質(C，D，E)の縦の列を見てください。ジベレリンが合成された＝アミラーゼが合成された＝デンプンが分解された＝「—」である，かどうかを見ていきます。

なんとなく,「＋」の方がちゃんと反応したみたいな気になってしまいますが,「－」の方がジベレリンが合成されていることに注意しましょう！

	水	A	B	A+B	C	D	E
野生型	+	+	−	+	−	−	−
突然変異体 *1*	+	+	−	+	+	+	+
突然変異体 *2*	+	+	+	+	+	+	+
突然変異体 *3*	+	+	−	+	+	−	+
突然変異体 *4*	+	+	−	+	−	−	+

(7) Cの列を見ると，突然変異体の中で「－」になったのは変異体 *4* だけです。Dの列を見ると，突然変異体 *3* と *4* が「－」です。Eの列を見ると，突然変異体の中ではどれも「－」になっていません。

(8) さあ！ ここで「ツメダメの法則」が活躍します!!

ゴールに近い物質(この場合はジベレリンに近い物質)を加えた方がゴールにたどり着ける可能性が高いはずです。この実験では,「－」の数が多いものほどジベレリンに近い物質です。よってBの一つ手前はDです。次に－の数が多いのはCなので，Dの１つ手前がCです。

残ったEが一番最初の物質なので，B合成は次のような順番で起こるとわかります。

E ⟶ C ⟶ D ⟶ B

順番がわかれば，それぞれの突然変異体において，どこが正常でどこに欠陥があるのかも判断できます。

解答へのプロセス

問1 アプローチの(1)の通りです。実験・考察問題を解くにあたって，正確な知識はとても大切です。きちんとした「知識」がなければ考察も出来ませんよね。その意味で，生物では，まず用語を正確に覚えることが大変重要です。

問2 Bが合成される順番はアプローチの通り

E ⟶ C ⟶ D ⟶ B

ですね。それぞれの突然変異体では，どこに欠陥があるかを考えます。

① **突然変異体 *1***

突然変異体 *1* では，**Dを与えても「－」にならない＝Bが合成されない**ので，DとBの間に欠陥があります。つまり，**遺伝子 *1* はD → Bの化学反応を触媒する酵素の遺伝子**です。

② **突然変異体*3***

突然変異体*3*は，**Dを与えれば「−」になれる＝Bが合成される**ので，DとBの間は正常です。でも，Cを与えても「−」にならないので，CとDの間に欠陥があるとわかります。つまり，**遺伝子*3*はC → Dの化学反応を触媒する酵素の遺伝子**です。

③ **突然変異体*4***

突然変異体*4*はCを与えれば「−」になるので，C → Dの間もD → Bの間も正常です。でも，Eを与えても「−」にならないので，EとCの間に欠陥があると判断できます。つまり，**遺伝子*4*はE → Cの化学反応を触媒する酵素の遺伝子**です。

以上から，

遺伝子*4*　遺伝子*3*　遺伝子*1*

E ⟶ C ⟶ D ⟶ B

とわかりました。

④ **突然変異体*2***

ところで，突然変異体*2*ではBのジベレリンを与えても「−」になりません。これはなぜでしょうか。

ホルモンが作用するためには，そのホルモンが受容体と結合し，さらにそれによって種々の反応が連鎖的に起こる必要があります。

やはり「ツメダメの法則」から，「ダメ」なのは，反応のより後ろの方に欠陥があるからと考えられます。おそらくは，ジベレリンの受容体か，受容体とジベレリンが結合した後の反応のいずれかに欠陥があるのが突然変異体*2*だと考えられます。

解答

問1　ア−①　イ−⑨　ウ−⑰　エ−⑯　オ−⑱　カ−⑤　キ−⑲

問2　ク−③　ケ−①　コ−②　サ−⑦　シ−⑥　ス−④　セ−⑤

5 ホルモンのフィードバック調節 難易度 ★★☆

アプローチ

(1) まず，登場したホルモンや受容体の関係を図でメモしてみましょう。

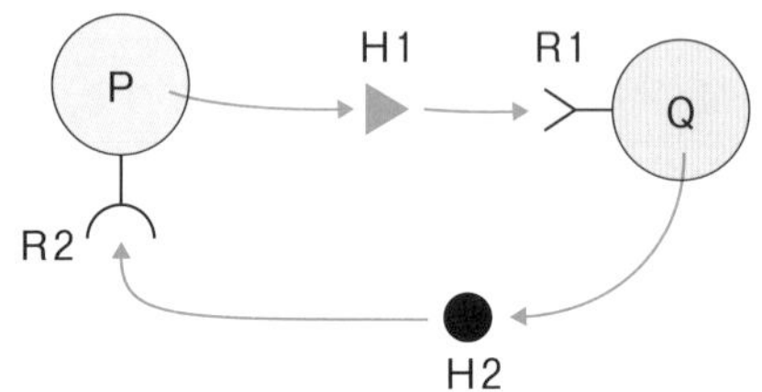

(2) 反応を順に書くと，次のようになります。

細胞 P がホルモン H1 を分泌

➡ 細胞 Q がホルモン H1 を受容体 R1 で受容

➡ 細胞 Q がホルモン H2 を分泌

➡ 細胞 P がホルモン H2 を受容体 R2 で受容

➡ 細胞 P からのホルモン H1 の分泌が抑制

(3) 実験 1 と 2 からそれぞれの変異体がどういうものか推測するわけですが，せっかく選択肢があるので，選択肢の方から検討してみましょう。

選択肢①：ホルモン H1 を合成できない変異体である。

① H1 が合成できないのであれば，当然，H1 量は少ないはずです。

➡ 図 1 から，H1 が極端に少ない m1 と m2 が候補となります。

② H1 が極端に少ないと，細胞 Q は H1 を受容できず，H2 が分泌されないので H2 の量も極端に少なくなるはずです。

➡ 図 1 で，H2 が極端に少ないのは m1 と m4 です。

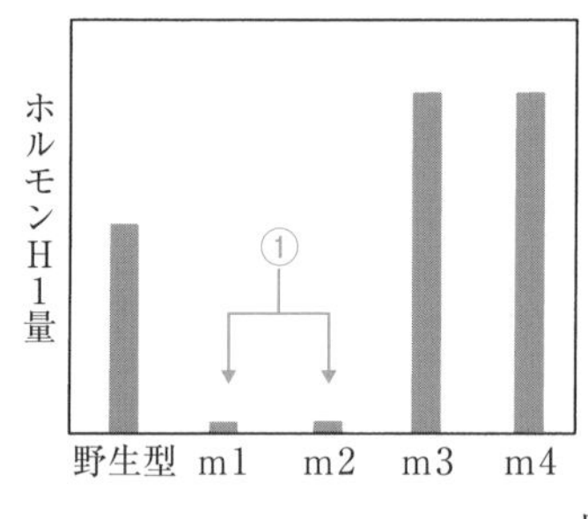

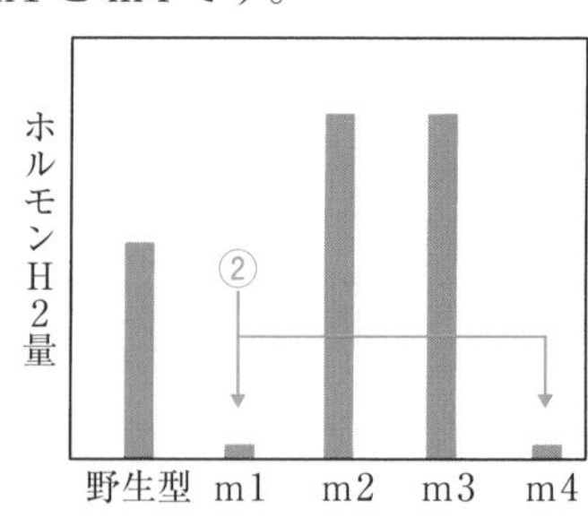

図 1

③ ①②両方に当てはまるのは m1。①に該当するのは m1 だとわかります。

④ 念のために実験 2 も検討しておきましょう。

H1を過剰に添加すれば，細胞QはH1をR1で受容してH2を分泌するので，H2の量は増加するはずです。図2のm1を見ると，確かにH2の量が増加しています。

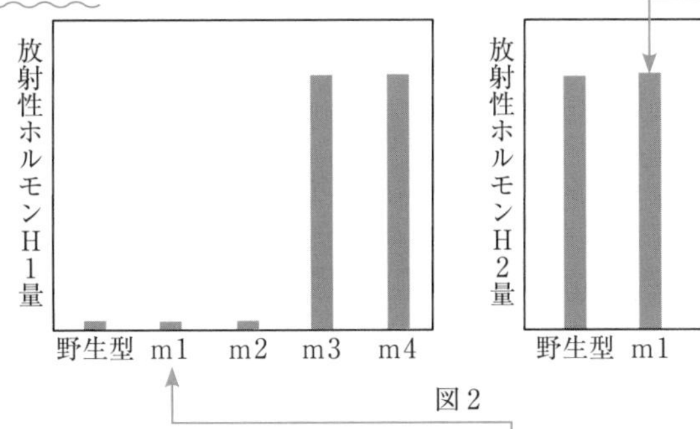

図2

一方，変異体m1の細胞PはH1を合成できないので，H1を過剰に添加しても(何をしても)，細胞PがつくるH1は変化せず少ないままのはずです。

確かに図2のm1を見ると，H1の量は少ないままです。**H1合成に欠陥があるのはm1**で間違いありません！

(4) …という調子で，**各選択肢を検討していきましょう！**

解答へのプロセス

選択肢②：ホルモンH2を合成できない変異体である。

(1) H2が合成できなければ，もちろんH2は極端に少なくなります。
➡ 図1から，m1，m4が候補です。

(2) H2がないと，H2による抑制が行われないので，PはH1を正常以上に分泌してしまいます。←「鍵なしびっくり箱の法則」
➡ 図1から，m3，m4が候補です。

(3) (1)，(2)より，**m4**が当てはまります。

(4) **実験2**で，過剰にH1を添加してもH2量は少ないまま，H1は正常以上に分泌されたままになるはずで，図2のm4は確かにそうなっています。

選択肢③：ホルモンH1の受容体R1を欠損する変異体である。

(1) R1が欠損していると，細胞QはH1を受容できないのでH2分泌が促進されずH2は少ないはずです。
➡ 図1から，m1，m4が候補です。

(2) H2がないと抑制が行えず，H1の量は増加します。←「鍵なしびっくり箱の法則」

➡ 図1から，m3，m4が候補です。

(3) (1)，(2)より，これも m4 が該当します。

➡ m4は H2 を合成できない変異体である可能性と，R1 を欠損した変異体である可能性の，両方の可能性がある，ということです。

(4) 実験2で，H1を過剰に添加しても細胞Qは H1を受容できないので，H2は少ないまま，H1は正常以上に増加したままになるはずです。

➡ 図2のm4を見ると，確かにそうなっています。

選択肢④：ホルモン H2 の受容体 R2 を欠損する変異体である。

(1) R2が欠損していると，抑制が行えないので H1の量が増加します。

➡ 図1から，m3，m4が候補です。

(2) H1の量が多くなると，細胞Qが分泌する H2の量も増加します。

➡ 図1から，m2，m3が候補です。

(3) (1)，(2)より，m3 が該当します。

(4) 実験2で，H1を過剰に投与しても H2量は多いまま，H1量も増加したままになるはずです。

➡ 図2のm3を見ると，確かにそうなっています。

選択肢⑤：受容体 R1 がホルモン H1 の有無にかかわらず常に活性化状態になる変異体である。

(1) R1が常に活性化状態になると，H1があってもなくても常に H2が分泌されることになるので，H2の量が増加します。

➡ 図1から，m2，m3が候補です。

(2) H2が増加すれば H1の分泌は抑制されるので，H1の量は減少します。

➡ 図1から，m1，m2が候補です。

(3) (1)，(2)より，m2 が該当します。

(4) 実験2で，H1を過剰に投与しても H2量は多いまま，H1量は少ないままになるはずです。

➡ 図2のm2を見ると，確かにそうなっています。

選択肢⑥：受容体 R2 がホルモン H2 の有無にかかわらず常に活性化状態になる変異体である。

(1) H2がR2に結合すると H1分泌が抑制されるのでしたね。したがって R2が常に活性化状態になるということは，常に H1分泌が抑制されることになります。**活性化＝促進とは限りません。**この場合は抑制するという働きが活性化されるのです。

➡ 図1から，m1，m2が候補です。

(2) H1の量が少ないと，H2の分泌量も減少します。

➡ 図1から，m1，m4が候補です。

(3) (1)，(2)より，**m1**が該当します。

➡ m1は，**H1を合成できない変異体**である可能性と，**R2が常に活性化状態にある変異体**である可能性の，両方の可能性があることになります。

(4) **実験2**で，H1を過剰に投与すると，細胞QはH2を分泌するのでH2の量は増加します。でもH1分泌は抑制されたままで少ないままのはずです。

➡ 図2のm1を見ると，確かにそうなっています。

m1－①，⑥　m2－⑤　m3－④　m4－②，③

6 ギャップ遺伝子の発現とホメオティック遺伝子の進化 難易度★☆☆

アプローチ 問1

(1) まず，図1の4と5に示されているのはAタンパク質の分布であることを確認しておきましょう。

図1の4で，B遺伝子の機能が失われた胚ではAタンパク質が全く分布していません。すなわち，A遺伝子が発現していません。B遺伝子が発現しないとA遺伝子が発現しなくなったのですから，B遺伝子はA遺伝子の発現を促進しているとわかります。

(2) 確かに，図1では，B遺伝子の発現部位(図1の2)で，A遺伝子が発現しています(図1の1)。ところが，B遺伝子が発現しているのに，A遺伝子が発現していない部位があります(右図のイの部分)。このイの部位は，何かによって発現が抑制されていると予想できます。

そこで，A遺伝子の発現部位とC遺伝子の発現部位と比較してみると，C遺伝子が発現している領域ではA遺伝子が発現していないことがわかります。

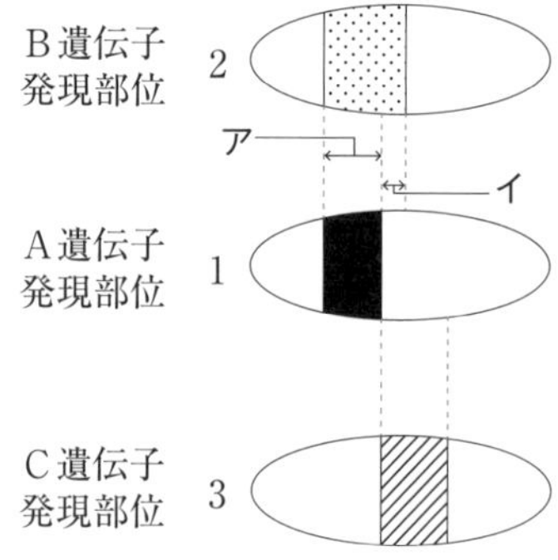

(3) また，図1の5のように，C遺伝子の機能が失われた胚では，Aタンパク質の分布は，ちょうどB遺伝子の発現部位と一致します。つまり，C遺伝子はA遺伝子の発現を抑制していると考えられます。これは，「鍵なしびっくり箱の法則」ですね。

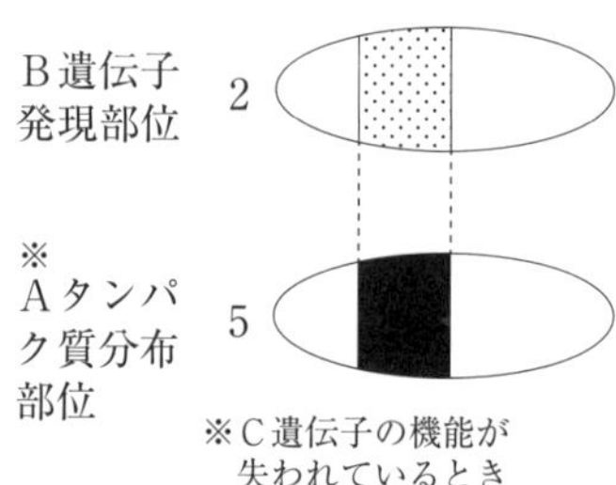

(4) すなわち，A遺伝子は，B遺伝子によってア・イ両方の部位で発現が促進されますが，イの部位ではC遺伝子により発現が抑制され，結果的に図1の1のように発現すると考えられます。C遺伝子の発現抑制の方が，B遺伝子による発現促進よりも強いのですね。

解答へのプロセス — 問1

問1(1)　B遺伝子を胚全体で発現させると，胚全体でA遺伝子の発現が促進されます。でも，C遺伝子の発現部位では，C遺伝子によりA遺伝子の発現が抑制されます。結果的に，**C遺伝子の発現部位以外でA遺伝子が発現します。**

問1(2)　B遺伝子による発現促進とC遺伝子による発現抑制とでは，C遺伝子による抑制の方が強かったのでした。C遺伝子を胚全体で発現させると，たとえB遺伝子が発現を促進している部位であっても，A遺伝子の発現は抑制されます。よって**胚全体でA遺伝子は発現しなくなります。**

アプローチ　問2

(1)　この問題を解くにあたっては，何度か試行錯誤する必要があるかもしれません。**合計5回の出来事が起こったこと，そのうちの2回は全染色体の倍加であること**を頭において考えていきましょう。考え方のポイントは，系統樹を作るときと同じで，**変異が生じた回数が最少になるようにする**ことです。

(2)　まずは遺伝子群2，3，5のように■を2つもつものが多いので，祖先型遺伝子群1の■が重複したと考えられます。

(3)　これと全く同じものが2つあるので，ここで全染色体の倍加が起こり遺伝子群2と3が生じたのでしょう。

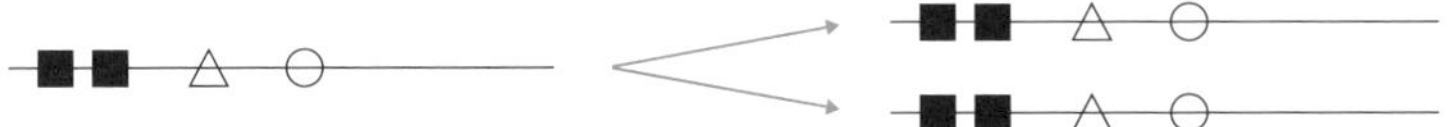

(4)　ここで，祖先型遺伝子群1が倍加して遺伝子群2と3が生じた後に，それぞれに■が重複したと考えると，変異の回数は，

　　遺伝子群1が倍加して遺伝子群2と3が生じる
　＋遺伝子群2で■が重複
　＋遺伝子群3で■が重複

の3回になってしまいます。

でも，(2)，(3)のように考えると，変異の回数は，

　　遺伝子群1で■が重複
　＋遺伝子群1が倍加して遺伝子群2と3が生じる

の2回ですね。このような調子で考えてきましょう。

解答へのプロセス — 問 2

(1) アプローチ 問2 から，

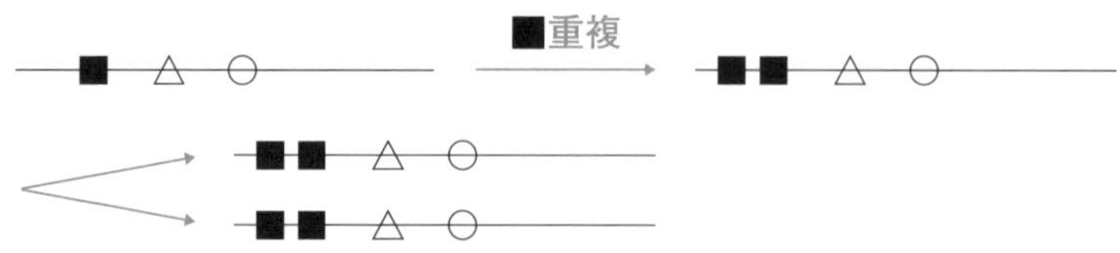

までわかりました。続きを考えましょう。

(2) 遺伝子群 4 と 5 はいずれも△がないので，遺伝子群 2 あるいは 3 のいずれかで△の欠失が生じたと考えます。たとえば遺伝子群 3 で△の欠失が生じたとします。すると遺伝子群 5 と遺伝子群 2 が生じることになります。

(3) 全部で 4 本の染色体が必要なので，ここで再び全染色体の倍加が起こったと考えます。

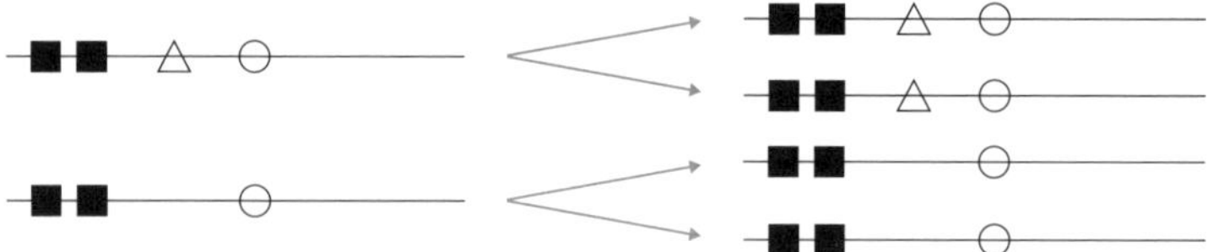

(4) 遺伝子群 4 が生じるには，遺伝子群 5 の一方で■が欠失すれば OK です。

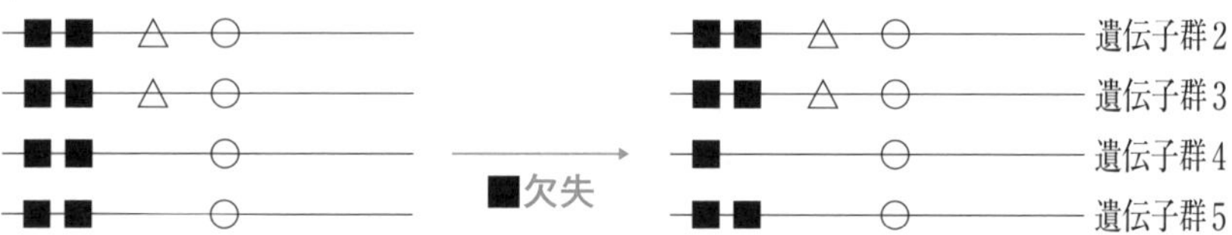

(5) 指示に従って，「出来事が起きた遺伝子群の番号とともに」，「①を選んだ場合は遺伝子群の番号は書かない」ことに注意して答えましょう。

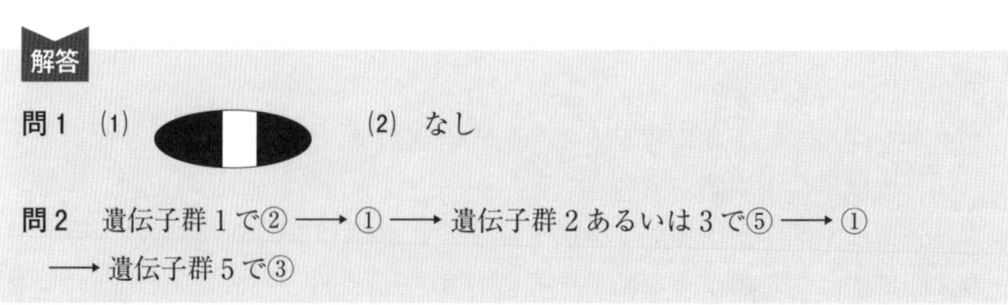

解答

問 1 (1) (2) なし

問 2 遺伝子群 1 で② ⟶ ① ⟶ 遺伝子群 2 あるいは 3 で⑤ ⟶ ① ⟶ 遺伝子群 5 で③

7 根から葉への長距離輸送

難易度 ★☆☆

アプローチ 問1

(1) まず，問題文2～3行目に書いてある「物質Xは植物のすべての細胞で生合成される物質」で「植物の成長を促進する」けれども，「細胞間や維管束を移動できない」ことをしっかり確認します。

次に，3～4行目の「物質Xの前駆物質YとZは細胞間の移動や道管を使った長距離移動ができる」ことも確認しましょう。

(2) では，さっそく表2から前駆物質YとZの反応の順番を調べましょう。

表2に，葉おける物質X～Zの有無が示してあります。変異体AではZのみが，変異体BではYとZが検出されています。すなわち，次のような順番で物質Xが合成されることがわかります。

表2	物質X	物質Y	物質Z
野生型	＋	＋	＋
変異体A	－	－	＋
変異体B	－	＋	＋
二重変異体 AB	－	－	＋
接ぎ木A	＋	＋	＋

物質Z ⟶ 物質Y ⟶ 物質X

何段階かの反応がある場合は「ツメダメの法則」が使えますよ！

変異体Aは物質Zがあっても物質Yが合成できないので，ZとYの間の反応に欠陥があるとわかります。変異体Bは物質Yまでは合成できるのに物質Xが合成できないので，YとXの間に欠陥があるとわかりますね。

(3) 次に表1を見ます。

変異体Aは物質Zしかない場合の葉の成長，変異体Bは物質Yまでしか合成できない場合の葉の成長です。そして，接ぎ木Aでは野生型の地下部で生成した物質Yが地上部にまで輸送され，変異体Aの地上部で物質Yから物質Xを合成できたため，葉の成長が野生型と同じになったと考えられます。

表1 接ぎ木作製後	3日目	5日目	7日目
野生型	200	240	288
変異体A	150	165	181.5
変異体B	200	220	242
二重変異体 AB	150	165	181.5
接ぎ木A	200	240	288

変異体A　Z ⟶(×) Y ⟶ X
　　　　　↑輸送　↑輸送
野生型　　Z ⟶ Y ⟶ X

解答へのプロセス — 問1

⑴　19行目の最初の空欄 [ア] を，野生型で合成された物質Xのことかと早とちりして，[イ] = $\frac{240}{200}$ =1.2(⑥)と答えてしまいませんでしたか？

空所補充では，同じ空欄が他にも登場しないかどうかをしっかり確認しましょう。

20行目にもう1度，[ア] が登場しますね。ここでは「変異体Aは [ア] から [ウ] をつくり出す経路を触媒する酵素の遺伝子に変異が生じ」とあります。変異体Aは 物質Z → 物質Y の間に欠陥があったので，[ア] にはZが，[ウ] にはYが当てはまります。

⑵　Zしかない変異体Aでは葉の面積が2日間で150から165になっているので，

[イ] = $\frac{165}{150}$ =1.1で，⑤が入ります。

アプローチ 問2

⑴　地上部を変異体Bにした接ぎ木Bでは，右図のようになります。

変異体B　Z ——→ Y —×→
　　　　　↑輸送　↑輸送
野生型　　Z ——→ Y ——→ X

⑵　地上部を変異体ABにした接ぎ木ABでは，右図のようになります。

変異体AB　Z —×→ Y —×→
　　　　　↑輸送　↑輸送
野生型　　Z ——→ Y ——→ X

解答へのプロセス — 問2

⑴　接ぎ木Bでは，地下部からYが輸送されてきても地上部ではY → Xの間に欠陥があるのでXは合成されません。よってもともとYまでしか存在しない変異体Bと同じ結果になります。

⑵　変異体ABはZ → Yの間とY → Xの間の両方に欠陥があります。野生型の地下部からZやYが輸送されるので，結果的にZとYがある場合と同じで，変異体Bと同じ結果になります。

アプローチ 問3

(1) 地下部が変異体A，地上部が変異体Bの場合と，地下部が変異体B，地上部が変異体Aの場合をそれぞれ図にしてみましょう。下図のようになりますね。

変異体B　Z ——→ Y —×→
　　　　　↑輸送
変異体A　Z —×→

変異体A　Z —×→ Y ——→ X
　　　　　　　　　↑輸送
変異体B　Z ——→ Y —×→

解答へのプロセス — 問3

(1) 変異体Aの地下部＋変異体Bの地上部

変異体Bは，Y → Xに変換する最後の反応に欠陥があるので，地下部から途中の物質を輸送されてもXは合成できません。「ツメダメの法則」より，ツメの反応がダメな場合はダメ！ なのです。

よって，結果的にYがある場合と同じで，変異体Bと同じ結果になります。

(2) 変異体Bの地下部＋変異体Aの地上部

変異体Aは，Z → Yに変換する反応には欠陥がありますが，Y → Xに変換することはできるので，地下部からYを輸送されると，地上部でYからXを合成することができます。よって，野生型と同じように葉の成長を促進させることができます。

(3) 問われているのは，どちらの接ぎ木の葉が大きくなるかですね。もちろん，野生型と同じように葉を成長させられる方が正解です。

解答

問1　ア－③　イ－⑤　ウ－②　エ－①
問2　オ－④　カ－⑤　キ－⑦　ク－④　ケ－⑤　コ－⑦
問3　②

8 網膜の再生

難易度 ★☆☆

アプローチ 問1

⑴ 直接問題を解くのには必要ありませんが，A～Dの4種類の細胞層の正体は，Aが色素細胞，Bが視細胞，Cは連絡神経，Dは視神経です。

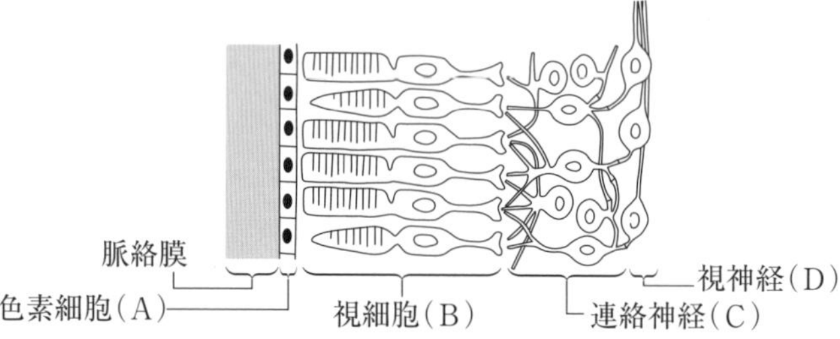

⑵ A層の色素細胞が，脈絡膜からの働きかけで**脱分化**し(10行目にある「元の細胞の特徴を徐々に失う」がそれを意味しています)，さらに細胞分裂を行い，やがて**神経細胞へと分化した**という実験です。そのため12行目にあるように「神経細胞には色素をもつものも観察された」のです(もともとは色素細胞だったため)。

⑶ 直接接触させた場合は，細胞どうしの直接の接触による影響や物質の拡散による影響など，いろいろな可能性が考えられます。しかし，小さな穴の開いたシート(細胞は通過しない)を挟めば，細胞どうしの接触は起こりませんが，小さな穴を通して物質の拡散は起こります。

解答へのプロセス ― 問1

⑴ 実験2において，直接接触させて培養したら神経細胞が形成されたので，②は誤りです。また，直接接触していると細胞間に空間はないので④も誤りです。

⑵ 穴の開いたシートを挟んでも神経細胞が形成されたので，細胞どうしが直接接触する必要はないことがわかります。よって①も誤りです。また直径0.4μmの穴では細胞が移動できるほどの大きさではないので(ふつうの体細胞はおおよそ数10μmの大きさ)，⑤も誤りとわかります。

⑶ よって，A層の細胞が脱分化して神経細胞を形成するためには，**脈絡膜層の細胞から何らかの物質が分泌され，これが拡散してA層の細胞に働きかけることが必要**だと推測されます。

アプローチ 問2，3

まず，実験１～３からわかることをまとめてみましょう。

実験１：Ａ層の細胞のみで，勝手に脱分化したり細胞分裂が行われたりするのではない。

実験２：Ａ層の細胞が脱分化し，やがて神経細胞へと分化するのには，脈絡膜層の細胞の働きかけが必要。

実験３：Ａ層の細胞から神経細胞への形成に作用する物質はタンパク質Ｆ。
（タンパク質Ｆが脈絡膜層から分泌される物質なのでしょう。）

次に，実験３～５において，**タンパク質Ｆが作用している時期をメモしてみましょう**（**STAGE6 メモの取り方②** を参考に！）。

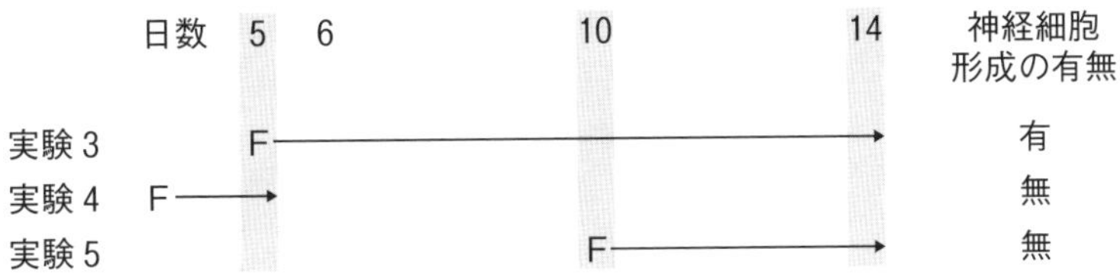

５日目まで，あるいは10日目以降にＦがあっても神経細胞は形成されなかったので，**６日目～９日目の間にＦが必要**だと考えられます。

解答へのプロセス ― 問２，３

問２ アプローチ 問2，3 でわかったように，**Ｆは６～９日目の間に必要**なので，**この期間にＦの阻害剤を添加してしまうと，神経細胞が形成されなくなる**と考えられます。よって，６～９日目を含んでいる選択肢を選べばOKです。

問３ 選択肢を読むときには，しっかりと**主語を確認**しましょう。

(1) 脱分化し，やがて神経細胞に分化するのはＡ層の細胞です。
➡ ⑤～⑧はすぐに消去！

(2) タンパク質Ｆの働きは，**Ａ層の細胞を脱分化させ，神経細胞の形成（やがては網膜の再生）を促進する**ことだと考えられるので，
➡ ①，②，⑨は誤り。

(3) 問１で考えたように，細胞どうしの接触や移動によるものではないので，
➡ ③，④は誤り。

(4) 形質転換は，肺炎双球菌などでＳ型菌のDNAをＲ型菌が取り込み，Ｒ型菌がＳ型菌に変化するような現象なので，ここでは全く関係ありません！

➡ ⑩や⑫は誤り。

問１　③　　問２　⑨　　問３　⑪

9 自律神経による平滑筋の制御

難易度 ★★☆

アプローチ 問 1，2

まず，血管には**平滑筋**と**血管内皮細胞**の層があることを意識して問題を読んでいきましょう。

(1) **実験 1**

① 「血管内皮細胞を取り除いた」とあるので，**平滑筋のみ**の実験です。**ノルアドレナリンによってもアセチルコリンよってても，横方向への収縮**がみられます。

② ここで，**血管には副交感神経が分布しない**ということを知っている受験生は「あれ？」と不思議に思ったかもしれません。確かに体表近くの血管には副交感神経は分布していないことが多いのですが，**体の内部の方にある血管には副交感神経も分布しています**。

③ また，**交感神経と副交感神経は拮抗的に作用する**という知識からも「あれ？」と不思議に思うかもしれませんね。でも，少しもやもやした気持ちを抱えたままでいいので次に進みましょう。

(2) **実験 2**

同じく「血管内皮細胞を取り除いた」**平滑筋のみ**の実験です。今度は縦方向の収縮を測定しています。その結果，ノルアドレナリンによってもアセチルコリンによっても**縦方向の収縮は起こらない**ことがわかりました。

解答へのプロセス ― 問 1，2

問 1 問われているのは「自律神経」による「血管の太さの調節」が「どのような方向」によるものなのかです。ここではまだ，ノルアドレナリンやアセチルコリンではなく「自律神経」の語を用いて解答します。

問 2 今度はノルアドレナリンとアセチルコリンの作用が問われています。

アプローチ 問 3

(1) **実験 3**

① 今度は「血管内皮細胞を取り除かない」で行われた実験です。

ノルアドレナリンによっては，**実験 1** と同様に横方向の収縮がみられます。ところがアセチルコリンでは**実験 1** とは異なり，横方向の収縮が弱まっています。すなわち弛緩しています。

② 実験１と実験３で異なるのは，「血管内皮細胞」があるかないかです。

実験１ではアセチルコリンは平滑筋に直接作用して，筋肉が収縮しました。よって実験３でアセチルコリンが作用したのは平滑筋ではないはずです。すなわち，実験３でアセチルコリンが作用したのは血管内皮細胞だと考えられます。もちろん最終的に収縮したり弛緩したりするのは平滑筋で，血管内皮細胞が収縮したり弛緩するわけではありません。

③ 以上より，アセチルコリンが血管内皮細胞に作用すると，血管内皮細胞の働きかけにより平滑筋が弛緩すると考えられます。

解答へのプロセス ― 問３

実験１と実験３とを対比させ，それぞれアセチルコリンが作用したのが何かを答えます。

実験１：アセチルコリン ――→ 平滑筋に作用。

実験３：アセチルコリン ――→ 血管内皮細胞に作用。

アプローチ 問４

(1) **実験４**

① 複雑ですね。「血管内皮細胞を取り除いた断片」は横方向，「血管内皮細胞を取り除かない断片」は縦方向になっています。すなわち「血管内皮細胞を取り除かない断片」の横方向の収縮は計測されないので，考えなくてよいことになります。

② ノルアドレナリンを加えると，「血管内皮細胞を取り除いた断片」の平滑筋に作用し，**横方向に平滑筋を収縮**させるはずです。

③ アセチルコリンは「血管内皮細胞を取り除かない断片」の血管内皮細胞に作用します。その結果，「血管内皮細胞を取り除かない断片」の**平滑筋を弛緩**させます。

しかし，同時にアセチルコリンは「血管内皮細胞を取り除いた断片」の平滑筋にも作用し，**平滑筋を横方向に収縮**させようとします。

では，どちらの作用がより強く発揮されるのでしょうか。

④ 図３には，いったんノルアドレナリンの作用で収縮した平滑筋に，さらにアセチルコリンが作用したときの収縮の強さが示されています。

図５には，いったんノルアドレナリンの作用で収縮した平滑筋に，さら

にアセチルコリンの作用で血管内皮細胞が働いたときの弛緩のようすが示されています。

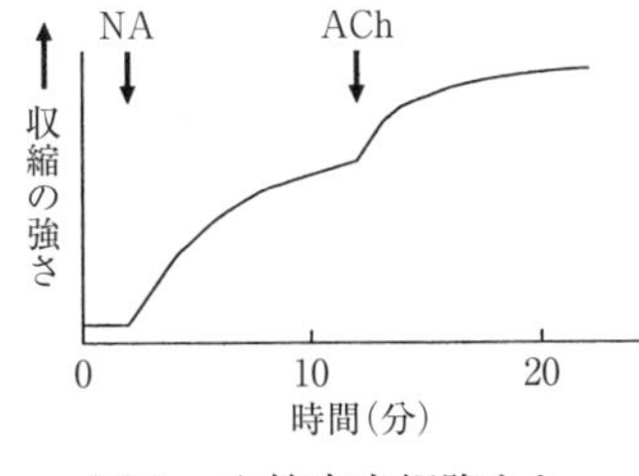

図3　血管内皮細胞なし

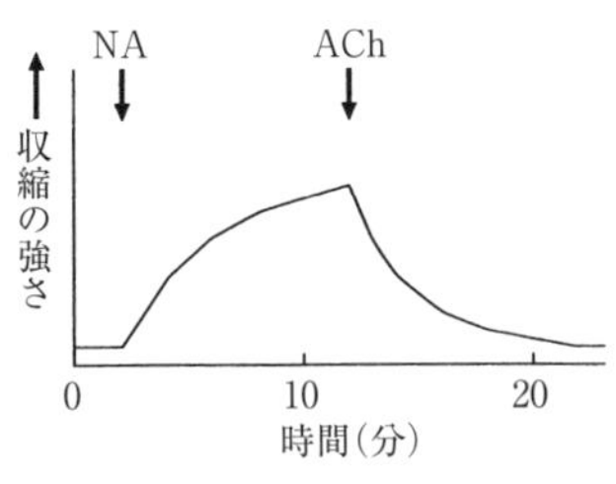

図5　血管内皮細胞あり

血管内皮細胞の作用により，いったん収縮していた平滑筋も完全に弛緩しています。

⑤　図5のとき，**アセチルコリンは血管内皮細胞に対しても，平滑筋に対しても作用している**と考えられます。直接，平滑筋に対して収縮させる働きかけを行っているにもかかわらず弛緩したのですから，**収縮した状態の平滑筋へのアセチルコリンによる収縮の作用よりも，血管内皮細胞による弛緩の作用の方がより強く作用する**と考えられます。

(2)　**実際の血管では…**

知識として必要なわけではありませんが，血管内皮細胞からは，一酸化窒素(NO)が分泌され，これが筋肉を弛緩させます。

実際の血管には平滑筋も血管内皮細胞もあるので，結果的に交感神経によって血管収縮，副交感神経によって血管弛緩と，拮抗的に作用することになります。ただし，体表近くの血管には副交感神経は分布していないので，交感神経によって血管収縮，交感神経が興奮しないと血管弛緩となります。

解答へのプロセス ― 問4

(1)　指示に従って，(a)～(d)の4点を考慮して答えます。

(a)　**ノルアドレナリンを加えたときに収縮の強さの変化が起こった理由**

➡ ノルアドレナリンは横方向に設置した断片の平滑筋に作用して，横方向へ収縮させること，を答えます。

(b)　**アセチルコリンを加えたときに収縮の強さの変化が起こった理由**

➡ アセチルコリンは，「血管内皮細胞を取り除かない断片」の血管内皮細胞に作用すること。そしてその結果，血管内皮細胞の働きで「血管内皮細胞を取り除いた断片」の平滑筋も弛緩させること，を答えます。

(c) 収縮の強さを発揮するのがどちらの断片によるものなのか

➡ ノルアドレナリンによる横方向への収縮は「血管内皮細胞を取り除いた断片」によるもの。アセチルコリンによる弛緩は，「血管内皮細胞を取り除かない断片」の内皮細胞によるもの。

(d) 血管内皮細胞の働き

➡ いったん収縮した平滑筋を弛緩させること。

(2) 結果的にグラフとしては，ノルアドレナリンにより収縮し，アセチルコリンによって弛緩するので，図5と同じグラフになります。

問1 自律神経は血管の平滑筋の横方向への収縮を制御している。

問2 ノルアドレナリンもアセチルコリンも，血管の平滑筋を横方向に収縮させる作用がある。

問3 実験1ではアセチルコリンは直接平滑筋に働きかけて，平滑筋を横方向に収縮させた。しかし実験3ではアセチルコリンは血管内皮細胞に働きかけ，血管内皮細胞からの作用により平滑筋が弛緩した。

問4 グラフ：右図

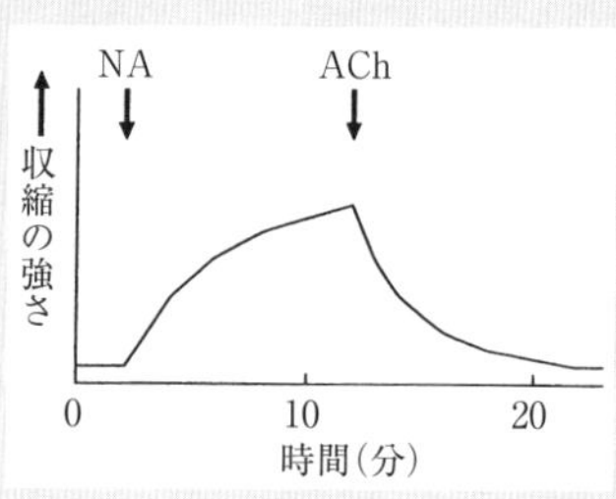

理由：ノルアドレナリンを加えると，横方向に設置した血管内皮細胞を取り除いた断片の平滑筋が収縮するため収縮の強さが上昇する。アセチルコリンを加えると，アセチルコリンが血管内皮細胞を取り除かない断片の血管内皮細胞に作用する。血管内皮細胞は，収縮している平滑筋を弛緩させる作用をもつので，収縮の強さは低下する。

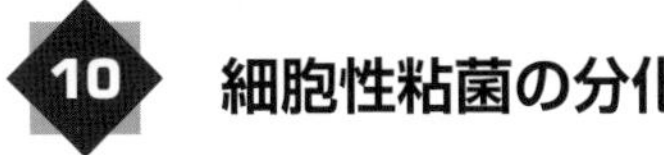

10 細胞性粘菌の分化

難易度 ★★★

アプローチ　問１，２

問１　タンパク質の特徴といえば…，そう！ **熱に不安定**なことですね。**加熱処理をして働きがなくなれば，その物質はタンパク質**だろうと推定できます。

もしも，紫外線照射によって活性が失われたとするとその物質は何でしょうか？ おそらくは核酸だと推定できます。

問２　下線部(b)にあるように，Ｂ細胞へ分化したのは細胞分裂期にあった細胞です。ということはＡ細胞に分化したのは分裂期以外の時期にあった細胞ということですね。細胞周期は，**分裂期**と**間期**からなります。

アプローチ　問３(1)，(2)

(1)　まず，問題文14～15行目にあるように，「Ｘ株とＹ株は，突然変異を起こしている遺伝子が互いに異なっている」こと，「突然変異を起こしている遺伝子はそれぞれ１つ」であることを確認しておきましょう。

観察１：どこかに欠陥があるＸ株でもＡ細胞には分化できます。

➡ **Ｂ細胞への分化誘導因子を欠いている**のだろうと考えられます。

観察２：どこかに欠陥があるＹ株はＡ細胞にもＢ細胞にも分化できません。

➡「Ａ細胞への分化誘導因子とＢ細胞への分化誘導因子の両方を欠いているのかな？」と一瞬考えてしまいますが，先ほど確認したように，**突然変異を起こしている遺伝子は１つだけで，互いに異なっている**のでしたね。よって，両方の分化誘導因子を欠いているのではないはずです。では１つだけの変異なのに，Ａ細胞にもＢ細胞にも分化できないのはなぜでしょうか。

(2)　Ａ細胞への分化とＢ細胞への分化の反応が「全く関係なく独立に起こる」のであれば，１つに欠陥があるだけで両方に分化できないということは説明できません。

Ａ ←――― 未分化 ―――→ Ｂ

このようになっているのであれば，１つに欠陥があるだけで，ＡとＢのいずれにも分化できないことは説明できない。

(3)　では，どのように考えればよいのでしょうか。

「ツメダメの法則」で考えたように，**一連の流れがある反応**だと考えればよいのです。

未分化 ⟶ A ⟶ B あるいは， **未分化 ⟶ B ⟶ A**

のように考えると，「1つに欠陥があるだけでAとBの両方ができない」ことが説明できますね。

ただ，この問題では未分化だった細胞がA細胞になってからB細胞になったりするのではなく，A細胞あるいはB細胞のいずれかに分化するのです。これはどのように考えればよいでしょうか。

(4) **設問や選択肢もヒントになる**ことがあります。

「…への分化誘導因子は［ ? ］から分泌される」という文の空欄を埋めるための選択肢に「A細胞」や「B細胞」があります。

すなわち，未分化だった細胞がA細胞あるいはB細胞に分化すると，分化した細胞から他の細胞への分化誘導因子が分泌されるというのです。そうすると，一連の流れのある反応になりますね。これは下の図ように示すことができます。

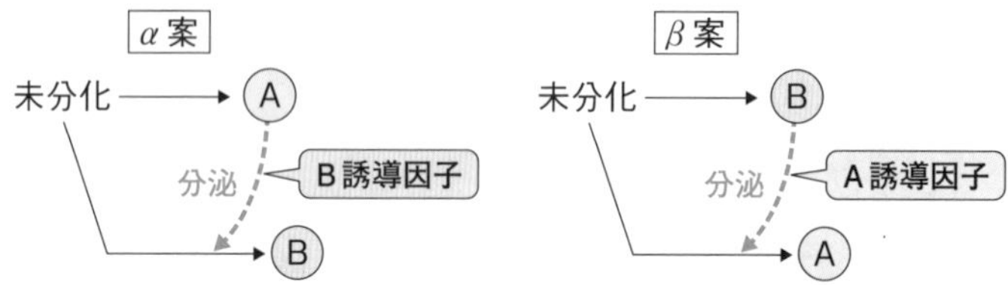

(5) 上図のうちどちらが正解でしょうか。2つの事実から考えてみましょう。

事実Ⅰ：X株ではB細胞には分化できなかったけれどA細胞には分化した。

事実Ⅱ：Y株では1つに欠陥があるだけでA細胞にもB細胞にも分化できなかった。

B細胞がなくてもA細胞には分化できましたが，A細胞がないとB細胞には分化できないのですから，**「ツメダメの法則」**より**A細胞の方が先に生じるα案が正解**となりますね！

解答へのプロセス ― 問3(1),(2)

問3(1) α案に従って考えましょう。

A細胞が分化する前に存在しているのは，未分化な細胞だけです。よって，まず**未分化な細胞からA細胞への分化誘導因子が分泌される**と考えられます。

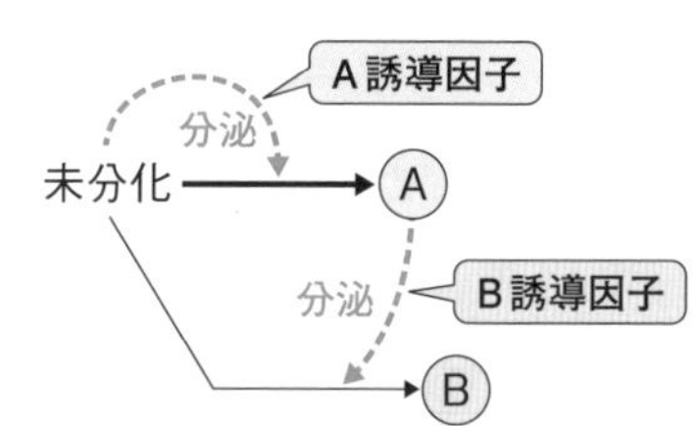

その結果A細胞が生じると，このA細胞からB細胞への分化誘導因子が分泌され，A細胞に分化しなかった未分化な細胞をB細胞へと分化させるのです。

問3(2)　X株はA細胞には分化できるので，未分化な細胞が分泌するA細胞への分化誘導因子は正常です。A細胞が生じたにもかかわらずB細胞が生じないのですから，X株はB細胞への分化誘導因子を欠いているとわかります。

一方，Y株はA細胞になれないのですから，未分化な細胞が分泌するA細胞への分化誘導因子を欠いているはずです。

アプローチ　問3(3)

観察3以降の「細胞を取り除いた培養液(飢餓上清)」には，細胞が分泌した分化誘導因子が含まれていると考えられます。

A細胞への分化誘導因子を△，B細胞への分化誘導因子を▲で示すことにして，観察結果を考えていきましょう。各株の飢餓上清には，次の分化誘導細胞が含まれています。

野生株の飢餓上清：△と▲の両方を含む
X株　の飢餓上清：△を含む(▲の遺伝子は異常)
Y株　の飢餓上清：何も含まない(ただし，▲の遺伝子は正常)

観察3：**野生株の飢餓上清には△と▲の両方が含まれている**はずなので，この培養液を用いればA細胞もB細胞も分化できるのは当然です。

観察4：**Y株の飢餓上清には△も▲も含まれていません**。この飢餓上清でX株からA細胞が分化したのですが，もともとX株は△を正常に分泌できるのでA細胞が分化するのは当然です(観察1参照)。

観察5：**X株の飢餓上清には△が含まれています**。この飢餓上清を用いると，Y株なのにA細胞へもB細胞へも分化できました。これは，X株の飢餓上清に含まれる△によってY株の未分化細胞がA細胞に分化し，A細胞に分化したY株の細胞が▲を分泌したためにB細胞が分化したのです。

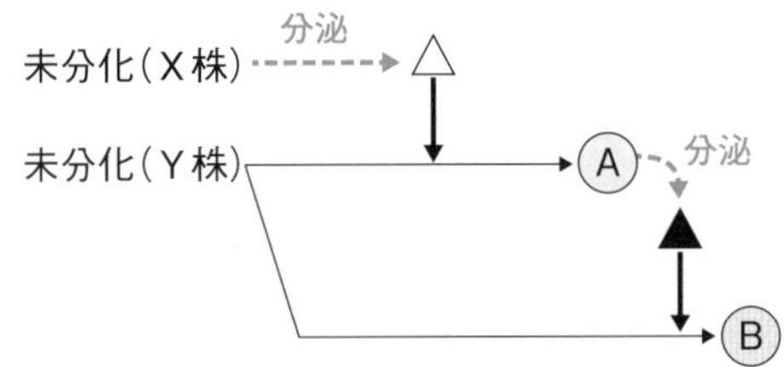

解答へのプロセス — 問3(3)

(1) それでは，問題の実験内容を図解してみましょう。

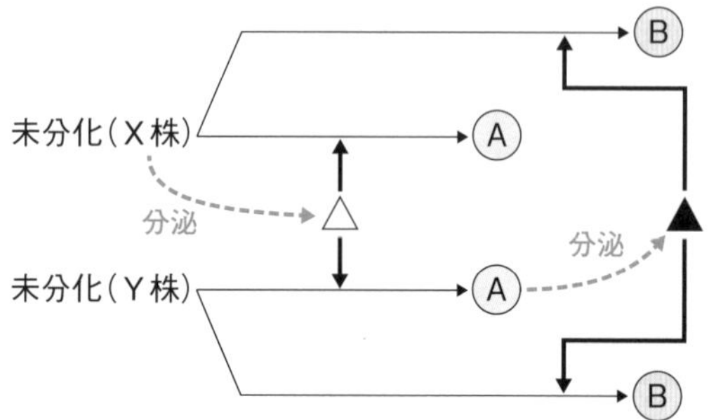

このように，△は分泌できるが▲は分泌できないX株と，△は分泌できないが▲は分泌できるY株を混合して培養すると，お互いに欠陥を補い合ってA細胞にもB細胞にも分化できるのです。そう！ これは「け・け・けの法則」ですね!!

(2) 解答は極力出題者の表現を用いましょう。観察5の結果の文章を参考に，解答を作製しました。

問1 加熱処理(煮沸処理) 問2 間期

問3 (1) ア－未分化細胞 イ－A細胞 (2) X株－② Y株－①

(3) X株もY株もA細胞またはB細胞に分化し，未分化細胞は観察されないと予想される。

11 細胞周期の調節

難易度 ★☆☆

アプローチ 問1

(1) まず，問題文の9～10行目にあるように，2つの細胞を融合させても核どうしが融合するわけではなく，「1つの細胞に2つの核をもつ細胞」になることを確認しておきましょう。

(2) 実験結果を検討していきましょう。

G_1 期の細胞どうしを融合すると，**「数時間後」**にDNA複製が開始されました。ところがS期の細胞と G_1 期の細胞を融合すると，G_1 期の核は**「すぐに」**DNA複製を開始しました。

G_1 期の細胞どうしではすぐにDNA複製が開始しないので，**S期の細胞質中にDNA複製を開始させる因子があり**，これが G_1 期の核に働きかけてDNA複製を開始させたと考えられます。

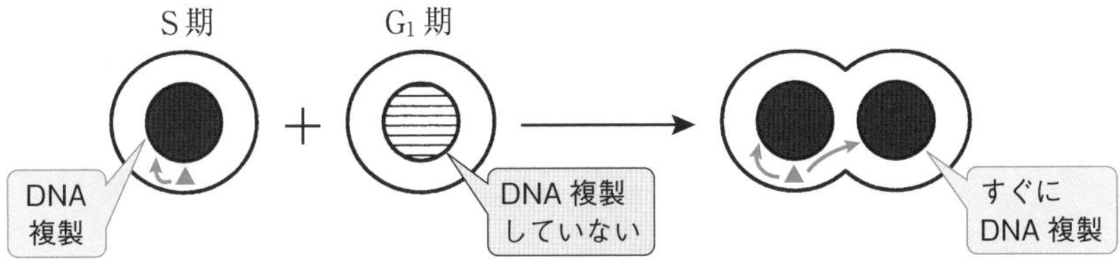

(3) ところがS期の細胞と G_2 期の細胞を融合した場合は，S期の細胞質中にDNA複製を開始させる物質があるはずなのに G_2 期の核はDNA複製を開始しません。

ということは，**G_2 期の核にはDNA複製を開始させる因子が作用できないようになっている**と考えられます。

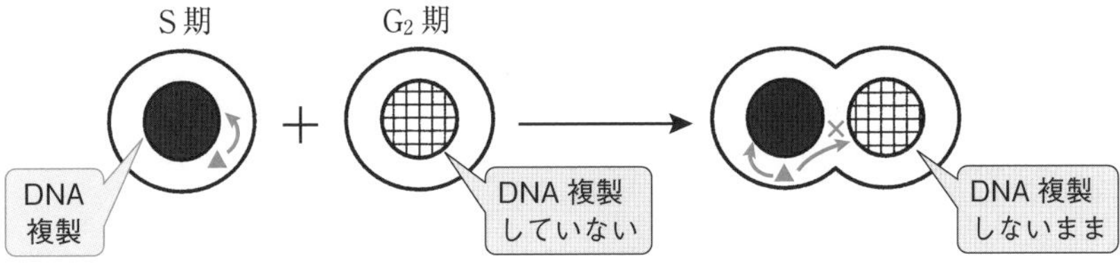

解答へのプロセス — 問1

選択肢を1つ1つ検討してみましょう。

選択肢①：G_1 期にDNA複製が起こらないのは，DNA複製を開始させる因子は存在するが，核でDNA複製の準備ができていない×ためである。

➡ G_1 期の細胞とS期の細胞を融合させると，すぐにDNA複製が開始されたので，準備ができていないわけではないとわかります。

選択肢②：S期にDNA複製が起こるのは，S期になるとDNA複製を開始させる因子が細胞質に現れ，これが核に作用してDNA複製を開始させるためである。

➡ アプローチ 問1 の(2)で考えたように，S期の細胞質にはDNA複製を開始させる因子が存在すると考えられます。

選択肢③：S期にDNA複製が起こるのは，S期になるとDNA複製を開始させる因子が核に現れ，これが核にとどまって×DNA複製を開始させるためである。

➡ アプローチ 問1 の(1)で確認したように，核どうしが融合しているわけではありません。よって，核の中に生じた因子が核の中にとどまっているのであれば，S期の核から G_1 期の核に働きかけることはできないはずです。

選択肢④：G_2 期にDNA複製が起こらないのは，核でDNA複製の準備はできているが，DNA複製を開始させる因子がない×ためである。

➡ G_2 期にDNA複製を開始させる因子がなかったとしても，核でDNA複製の準備ができているならば，S期と融合してS期の細胞質にある因子が作用すれば，G_2 期でもすぐにDNA複製が開始されるはずです。

選択肢⑤：G_2 期にDNA複製が起こらないのは，核でDNA複製を開始させる因子が作用できないようになっているためである。

➡ アプローチ 問1 の(3)で考えたように，S期の細胞質にある因子が作用してもその働きが現れなかったので，G_2 期の核にはDNA複製を開始させる因子が作用できないようになっていると考えられます。

アプローチ 問2

(1) G_1 期のゲノムDNA量を1とすると，S期は1～2と表せます(平均して1.5としておきます)。複製が終わっている G_2 期は2，M期も2とおけます。

(2) (1)に従って順に足し算して，3＜相対値＜4であるものを2つ探せばOK

です（3≦相対値≦4ではないことに注意しましょう！）。

解答へのプロセス — 問2

選択肢を1つ1つ検討してみましょう。

選択肢①：S期(1.5)＋M期(2)＝3.5

3＜相対値＜4に当てはまります。

選択肢②：G_1期(1)＋G_1期(1)＝2

問われているのは3＜なので不適です。

選択肢③：S期(1.5)＋G_2期(2)＝3.5

3＜相対値＜4に当てはまります。

選択肢④：M期(2)＋G_1期(1)＝3

問われているのは3＜なので，残念ながら不適です。

選択肢⑤：M期(2)＋G_2期(2)＝4

問われているのは＜4なので，残念ながら不適です。

選択肢⑥：G_1期(1)＋G_2期(2)＝3

問われているのは3＜なので，残念ながら不適です。

解答

問1　②，⑤

問2　①，③

12 神経伝達物質と神経回路

難易度 ★★★

アプローチ 問1

(1) 大事なことが，リード文に4つ書いてあります。1つ1つ確認していきましょう。

(2) まず，14～16行目にあるように「アセチルコリンがアセチルコリン受容体に結合した場合にも，グルタミン酸がグルタミン酸受容体に結合した場合にも，Ca^{2+} が細胞内に流入する」ので，**細胞内の Ca^{2+} 濃度が上昇した＝アセチルコリンあるいはグルタミン酸がそれぞれの受容体に結合した**ことを意味している，と確認しましょう。

(3) 次に，16～17行目に「1つの神経細胞が放出する伝達物質は1種類に限られる」とあるので，**1つの神経細胞がアセチルコリンとグルタミン酸の両方を放出したりはしません**。

(4) そして，17～18行目の「1つの神経細胞が発現する受容体は，その細胞が放出する伝達物質とは無関係」という意味はわかりましたか？

たとえば，**アセチルコリン受容体をもつ神経細胞であっても，その神経細胞が放出する伝達物質はアセチルコリンとは限らない，ひょっとしたらグルタミン酸を放出するかもしれない**ということです。

(5) さらに，18行目に「かつ1種類だけとは限らない」とあります。この主語は17行目の「1つの神経細胞が発現する受容体は」です。すなわち，**1つの神経細胞がアセチルコリン受容体とグルタミン酸受容体の両方をもっている可能性もある**と言っているのです。

(6) 以上のことをしっかり押さえた上で，実験を見ていきましょう。

実験1で，アセチルコリンを与えても細胞Bは Ca^{2+} 濃度変化を示さなかったので，**細胞Bにはアセチルコリン受容体はない**とわかります。

また，細胞A，C，Dでは Ca^{2+} 濃度が上昇していますが，**この結果から単純に細胞A，C，Dにアセチルコリン受容体があるとは断定できません**。なぜだかわかりますか？

たとえば，細胞Xと細胞Yが次ページの図1のようにシナプス結合していたとします。細胞Xにはアセチルコリン受容体があり，細胞Xの軸索末端（神経終末）からはグルタミン酸が放出され，Y細胞にはグルタミン酸受容体があったとします。

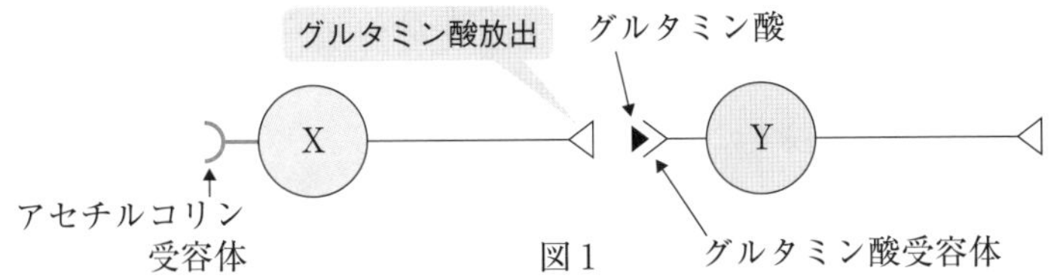

図1

ここにアセチルコリンを与えると，細胞Xがアセチルコリンを受容し Ca^{2+} が細胞X内に流入します。その結果，細胞Xが興奮し，その興奮が軸索末端に伝導され，末端からグルタミン酸が放出されます。細胞Yがこれを受容すると，Y細胞内にも Ca^{2+} が流入します。

したがって，アセチルコリンを与えて細胞Xと細胞Yの両方で Ca^{2+} 濃度が上昇したからといって，両方の細胞にアセチルコリン受容体があるとは判断できないのです。

でも，**実験1**ではアセチルコリンを与えて細胞A，C，Dで Ca^{2+} 濃度が上昇したので，少なくとも**このうちのいずれかにはアセチルコリン受容体がある**ことはわかります。

(7) 同様に，**実験2**でグルタミン酸を与えても，細胞Aでは Ca^{2+} 濃度が上昇しなかったので，**細胞Aにはグルタミン酸受容体がない**ことがわかります。また，細胞B，C，Dの Ca^{2+} 濃度が上昇したので，**このうちのいずれかにはグルタミン酸受容体がある**ことは確かです。

(8) 次に**実験3**です。活動電位の発生を抑えるフグ毒を与えると，**興奮の伝導が起こらなくなります**。でも，**神経伝達物質が受容体に結合すれば Ca^{2+} の流入は起こります**。

(6)と同じ細胞Xと細胞Yの例で考えてみましょう。

アセチルコリンとフグ毒を与えると，細胞Xはアセチルコリンを受容して Ca^{2+} 濃度が上昇しますが，興奮が伝導しないため，細胞Xの末端からはグルタミン酸が放出されません。ですから，細胞Yでは Ca^{2+} 濃度の上昇がみられなくなるはずです(図2)。

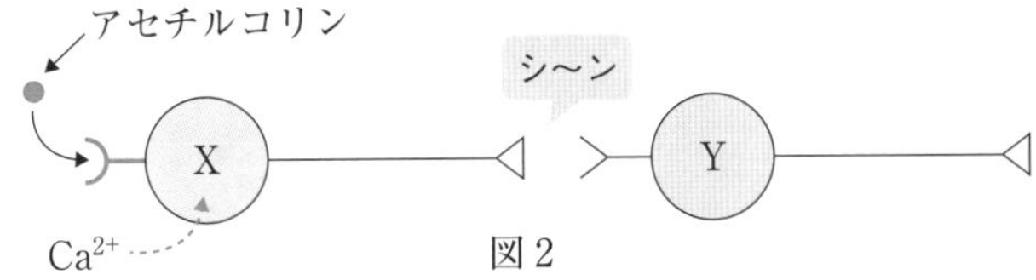

図2

実験3でアセチルコリンとフグ毒を与えると，細胞AとCでは Ca^{2+} 濃度が上昇したので，**細胞AとCにはアセチルコリン受容体がある**とわかります。

逆に，細胞BとDではCa^{2+}濃度が変化しなかったので，細胞Bだけでなく細胞Dにもアセチルコリン受容体はなかったとわかります。

(9) 同じように，実験4についても考えてみましょう！

解答へのプロセス — 問1

(1) アプローチ 問1 で考えたように，アセチルコリン受容体をもつのは細胞AとCですね。

(2) 実験4でグルタミン酸とフグ毒を与えると，細胞BとDではCa^{2+}濃度上昇がみられ，細胞AとCではCa^{2+}濃度に変化がみられなかったので，グルタミン酸受容体をもつのは細胞BとDだとわかります。

アプローチ 問2

(1) 実験1において，アセチルコリン受容体をもたない細胞DのCa^{2+}濃度が上昇したのは，アセチルコリン受容体をもつ細胞AあるいはCよりも後ろに細胞Dがあり，細胞AあるいはCから放出されるグルタミン酸を受容したからだと考えられます。

同様に，実験2において，グルタミン酸受容体をもたない細胞CのCa^{2+}濃度が上昇したことから，細胞Cは細胞BあるいはDよりも後ろに位置し，細胞BあるいはDから放出されるアセチルコリンを受容したからだと考えられます。

まず，ここまでの条件で選択肢⑤と⑥が消去できます。残りの選択肢は1つ1つ検討していきましょう。

(2) 選択肢①の場合はどのようになるか検討してみましょう。

細胞AとCにはアセチルコリン受容体，細胞BとDにはグルタミン酸受容体があるのでした。ということは，下図3のように，細胞Aの末端からはグルタミン酸，Bの末端からはアセチルコリン，Cの末端からはグルタミン酸が放出されるはずです(でないと興奮がちゃんと伝達できません！)。

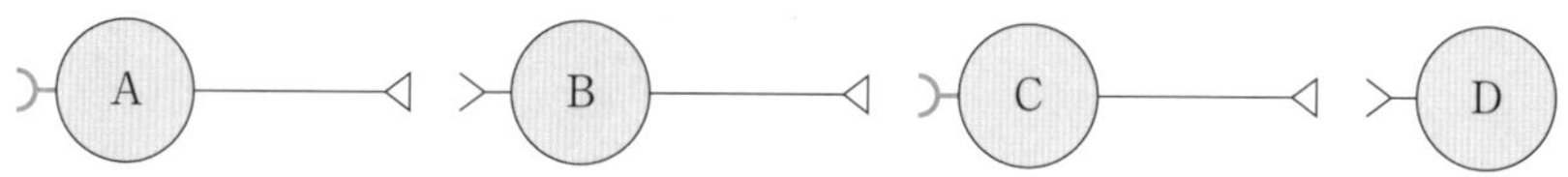

図3

ここにアセチルコリンを与えると，細胞AとCがアセチルコリンを受容し，興奮が細胞Bに伝達され，細胞Dにも伝達されます。ということは，細胞A～Dすべての細胞でCa^{2+}濃度が上昇するはずです。でも実際には，**実験1**で細胞BのCa^{2+}濃度は変化しなかったので，**①は誤り**だとわかります。

(3) 次に選択肢②を考えましょう。下図4です。

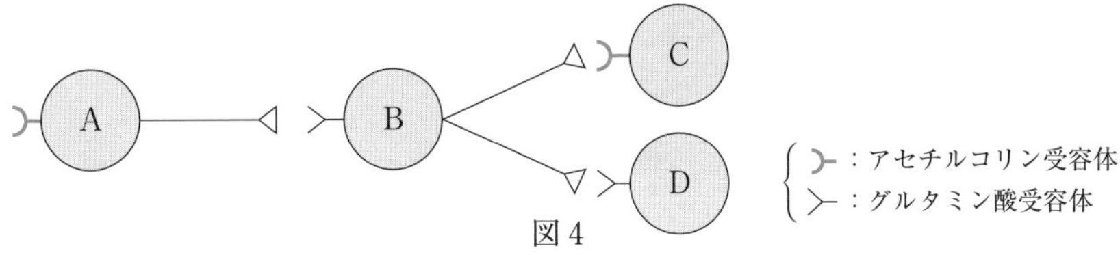

図4

細胞Cにはアセチルコリン受容体，細胞Dにはグルタミン酸受容体があります。ということは，細胞Bの末端の細胞Cと接続している方ではアセチルコリン，細胞Dと接続している方ではグルタミン酸が放出されないと興奮は伝達できないことになります。

ここで，アプローチ 問1 の(3)を思い出しましょう！「1つの神経細胞が放出する伝達物質は1種類に限られる」のでしたね。1つの神経細胞がアセチルコリンとグルタミン酸の両方を放出したりはしません。よって，**②も誤り**です。

(4) 残りの選択肢③，④についても，同じように検討しましょう。

解答へのプロセス — 問2

(1) 選択肢③

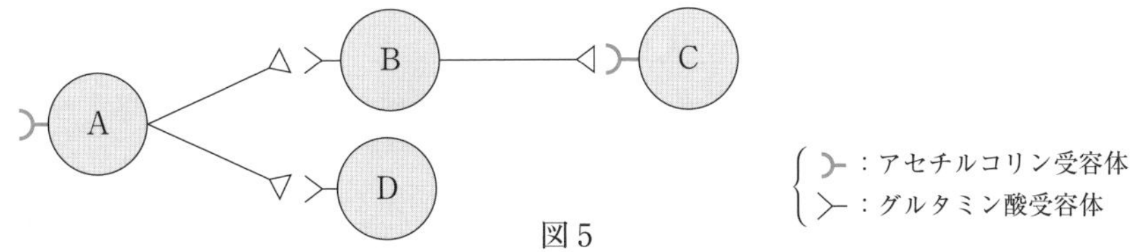

図5

細胞BとDにはグルタミン酸受容体があるので，細胞Aの末端からはグルタミン酸が放出されると考えられます。細胞Bの末端からはアセチルコリンが放出されると考えればOKですね。

アセチルコリンを与えると，細胞AとCが受容し，細胞Aは細胞BとDに伝達します。さらに，細胞BはCに伝達します。ということは，すべての細

胞で Ca^{2+} 濃度が上昇しますね。よって，③も誤りだとわかります。

(2) **選択肢④** 残っているのは選択肢④だけですね。

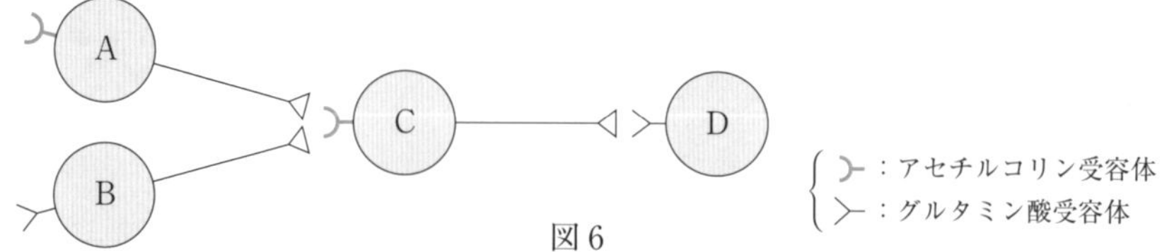

図 6

細胞Aはアセチルコリン，細胞Bもアセチルコリンを放出し，細胞Cはグルタミン酸を放出すると考えられます。アセチルコリンを与えると，アセチルコリン受容体をもつ細胞AとCでまず Ca^{2+} 濃度が上昇します。さらに細胞Cは細胞Dに伝達するので細胞Dでも Ca^{2+} 濃度が上昇します。でも細胞Bでは Ca^{2+} 濃度は変化しません。**実験1**の結果と合致します。

念のために**実験2**も考えてみましょう。

グルタミン酸を与えると，グルタミン酸受容体をもつ細胞BとDで Ca^{2+} 濃度が上昇し，細胞Bが細胞Cに伝達するので細胞Cでも Ca^{2+} 濃度が上昇します。でも細胞Aでは Ca^{2+} 濃度は変化しません。これも結果とぴったり合っていますね。

アプローチ 問3

(1) いろいろと書いてありますが，要はグルタミン酸受容体の遺伝子の後ろにYFP 遺伝子がつながっているので，**YFP の蛍光がみられればグルタミン酸受容体の遺伝子も導入されている**と考えることができます。

細胞AとBで YFP の蛍光が観察されたということは，**細胞AとBにグルタミン酸受容体の遺伝子が導入された**ということを意味します。その結果，もともとグルタミン酸受容体をもっていた細胞Bだけでなく，**細胞Aもグルタミン酸受容体をもつようになった**のです。

(2) ややこしくなりそうだったら，図解してみましょう。

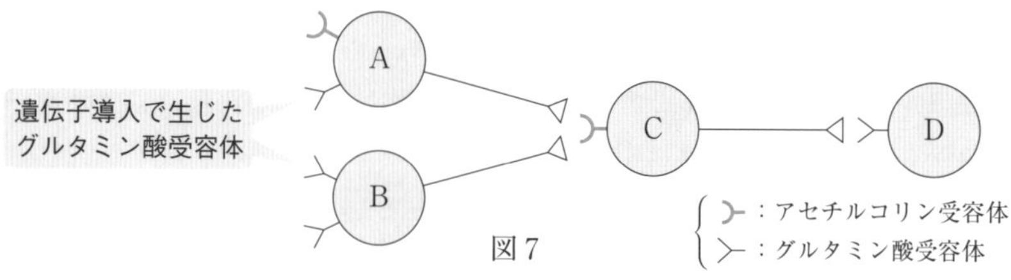

図 7

解答へのプロセス ― 問3

(1) 図7にしたがって考えていきましょう。

① **実験1**

アセチルコリンを与えると，細胞AとCが受容し，細胞Cは細胞Dに伝達するので，細胞A，C，DでCa^{2+}濃度上昇がみられます。

② **実験2**

グルタミン酸を与えると，細胞AとBとDが受容し，細胞AやBから細胞Cに伝達が行われます。その結果，すべての細胞でCa^{2+}濃度上昇がみられます。

③ **実験3**

アセチルコリンとフグ毒を与えると，アセチルコリン受容体をもつ細胞(AとC)のみでCa^{2+}濃度上昇がみられます。

④ **実験4**

グルタミン酸とフグ毒を与えると，グルタミン酸受容体をもつ細胞(AとBとD)でCa^{2+}濃度上昇がみられます。

(2) 解答は，極力，出題者の文章にならって答えましょう。

問1　アセチルコリン受容体：細胞Aと細胞C

グルタミン酸受容体：細胞Bと細胞D

問2　④

問3　実験1：細胞AとCとDはCa^{2+}濃度が上昇するが，細胞BはCa^{2+}濃度変化を示さない。

実験2：細胞AとBとCとDでCa^{2+}濃度が上昇する。

実験3：細胞AとCはCa^{2+}濃度が上昇するが，細胞BとDはCa^{2+}濃度変化を示さない。

実験4：細胞AとBとDはCa^{2+}濃度が上昇するが，細胞CはCa^{2+}濃度変化を示さない。

13 線虫の行動

難易度 ★★☆

アプローチ 問1

(1) この実験は，＋に調べたい液体(誘引物質 or 忌避物質)を摘下し，線虫が[N＋]側に来るか，[N－]側に来るかを調べるものです。

問われている文章を分析していきましょう。

(2) 「慣れが生じて［ア］移動すると，CI が正確に求まらない」

［ア］の語群の①は，「誘引物質に近づかなくなり，線虫が[N－]側に」です。＋に滴下した物質が，誘引物質だったとします。誘引物質を摘下しても，誘引物質に対して慣れが生じると[N－]側に移動してしまう可能性はあります。

②は「忌避物質を避けなくなり，線虫が[N＋]側に」です。＋に滴下した物質が忌避物質だったとします。＋に忌避物質を滴下しても，忌避物質に対して慣れが生じると[N＋]側に移動してしまう可能性があります。

すなわち，この部分だけでは［ア］に選択肢①，②のどちらが入るのか判断できません。では，もう少し続けて文を読んでみましょう。

(3) 「慣れが生じて［ア］移動すると，CI が正確に求まらないので，［イ］を用いた」

［イ］の語群の①は「運動を麻痺させる物質」，②は「運動を活発にする物質」です。

移動してきた線虫をそれ以上動かなくするのか，あるいは目的と違う方へ移動してしまった線虫にもう一度運動させて目的の方へ移動させるのか…。まだ判断がつきにくいですね。

でも，「［ア］(に)移動すると，CI が正確に求まらないので，［イ］を用いる」ということは，「［ア］(に)移動しないようにする」ということを意味していますね。よって，［イ］には**移動しないようにする物質＝「運動を麻痺させる物質」**の①が入ります。

(4) 再度，最初の文「慣れが生じて［ア］移動すると」に戻りましょう。

誘引物質を使っている場合は，いったん[N＋]側に来た線虫の中に，やがて慣れが生じて[N－]側に移動してしまう個体が現れるかもしれません。でもこの個体も，本当は誘引されているのですから「誘引された個体」としてカウントする必要があります。そのとき[N－]側で運動を麻痺させる物質を入れて，動きを止めてしまうと，その個体は誘引されなかった個体としてカウントされることになるので正確な CI が求められなくなります。正確な CI

を求めるために運動を麻痺させる物質を加えたはずが，加えることによってより正確な値が求められなくなってしまうことになります。

(5) 一方，忌避物質を使っている場合は，いったん[N－]側に来た線虫が忌避反応を示した個体です。その個体の中に，慣れが生じて[N＋]側に移動してしまう個体が現れるかもしれません。でも[N－]側に運動を麻痺させる物質を加えておくと，**慣れが生じて[N＋]側に移動してしまう個体をとどめることができ，ちゃんと忌避を示した個体を忌避個体としてカウントすることができます。**

よって ア には②の**「忌避物質を避けなくなり，線虫が[N＋]側に」**が入ります。

(6) では，文を最後まで見てみましょう。

「調べたい液体を滴下する側には イ を加えないのは，研究の目的に照らしてCIの値が過大評価にならないように ウ ためである」

過大評価にならないようにするために，[N＋]側には イ で答える物質を加えないというのです。 イ で「運動を麻痺させる物質」を答えているので， イ を[N＋]側に加えてしまうと，忌避物質に慣れや偶然で接近してきた線虫の移動を止めてしまうことになります。加えないのは**偶然接近しただけの線虫の移動を止めないようにするため**で，①ということになります。

解答へのプロセス ― 問1

アプローチ 問1 で考えたように，空所補充の問題で，最初の空所部分だけでは解答が決まらないこともよくあります。その場合は後ろの部分で判断できることがあるので，**最初だけで判断してしまわず，その後ろもしっかり読むようにしましょう。**そして，**空所補充では念のために必ず完成した文を読んでみるようにしましょう。**

慣れが生じて「忌避物質を避けなくなり，線虫が[N＋]側に」移動すると，CIが正確に求まらないので，「運動を麻痺させる物質」を用いた。調べたい液体を滴下する側には「運動を麻痺させる物質」を加えないのは，研究の目的に照らしてCIの値が過大評価にならないよう「偶然接近しただけの線虫の移動を止めない」ためである。

納得できましたか？

アプローチ　問2

(1)　CIの定義は問題文の9～10行目に書いてあります。次のような式で求められます。

$$\frac{[\text{N}+]\text{の個体数}-[\text{N}-]\text{の個体数}}{[\text{N}+]\text{の個体数}+[\text{N}-]\text{の個体数}}$$

分子が　[N+]の個体数－[N－]の個体数　なので，[N+]の個体数>[N－]の個体数であれば正，[N+]の個体数<[N－]の個体数であれば負の値になります。

(2)　図2を見ると，正常組織に対しては濃度が高い(10^{-6})とCI値は0付近ですが，濃度が低い(10^{-7})と負の値，すなわち忌避する傾向にあります。設問にはありませんが，濃度によっても反応が違うことがわかります。

また，ガン組織に対しては，濃度が10^{-6}でも10^{-7}でもCI値が正です。ガン組織に対して誘引されていることがわかります。

解答へのプロセス ― 問2

(1)　CI値の定義より，[N+]の個体数が多い＝＋側に誘引されていれば正の値を，[N－]の個体数が多い＝＋側を忌避していれば負の値を取るとわかります。よって，②が正解です。

(2)　ガン組織の場合はCI値が正なので，ガン組織に誘引されているとわかります。よって，⑥が正解です。

アプローチ　問3

(1)　正常組織に対して，野生型の線虫ではCI値が負です。すなわち正常組織に対しては忌避しています。変異体の場合も同様に忌避しています。

もしも用いた変異体が，選択肢②のように忌避物質に応答する上で必須の遺伝子の働きを欠いているのであれば，正常組織に対して忌避しなくなるはずです。ですから，この変異体は②ではありえません。

よって，用いた変異体は①の誘引物質に応答する上で必須の遺伝子の働きを欠いた変異体だと判断されます。

(2)　それでは，①の変異体を用いてガン組織の結果を分析してみましょう。

解答へのプロセス — 問3

(1) ガン組織に対して，野生型の線虫はCI値が正，つまり，誘引されています。
ところが，「誘引物質に応答する上で必須の遺伝子の働きを欠いた変異体」を用いた場合はCI値が負になっています。すなわち忌避したのです。

(2) ガン組織に誘引物質のみがあるならば，誘引されない変異体を用いると誘引されなくなるだけで，CI値は0付近になるはずです。それが負になったということは，もともとガン組織には誘引物質と忌避物質が両方含まれており，そのトータルで野生型の線虫はガン組織に誘引されていたということです。
そのため，「誘引されない変異体」を用いると，忌避物質の作用のみが現れ，CI値が負になったと考えることができます。

解答

問1 ア－②　イ－①　ウ－①

問2 ②，⑥

問3 用いた変異体－①　　推論－②

14 シグナル配列

難易度 ★☆☆

アプローチ 問1

(1) 問題文15～18行目にあるように，荷札がないと細胞質にあるものはそのまま細胞質に，核にあるものはそのまま核に分布しています。荷札がないと，最初に分布している場所から他方へは運ばれないことがわかります。

このことを押さえて，実験結果を考えていきましょう。

実験1：aがあると，細胞質にあったタンパク質Xは核へ運ばれています。

➡ aは核へ移動させる荷札だと考えられます。

実験2：bがあると，核にあったタンパク質Xは細胞質へ運ばれています。

➡ bは細胞質へ移動させる荷札だと考えられます。

実験3：cがあると，細胞質にあるタンパク質Xはそのまま細胞質に，核にあるタンパク質Xはそのまま核にとどまっています。

➡ cはとどめる荷札だと考えられますが，細胞質にとどめる荷札なのか，核にとどめる荷札なのかは，まだ判断できません。

(2) cの働きを調べるための実験が，**実験5**と**実験6**です。そしてこのためにヒントが問題文にあります。9～10行目にあるように，とどめる荷札と移動させる荷札がある場合は，とどめる荷札の方が優位に働くのです。このことを前提に**実験5**と**実験6**を分析し，cの働きを解明しましょう！

解答へのプロセス — 問1

(1) 実験4の結果もみておきましょう。

実験4：核へ移動させるaの荷札と細胞質へ移動させるbの荷札の両方があります。その結果，核へも細胞質へも移動し，細胞質にも核にもタンパク質Xが分布したと考えられます。

(2) さあ，**実験5**を考えてみましょう。

核へ移動させるaと，どこかにとどめる働きのあるcの両方があります。その結果，細胞質にあったタンパク質Xはそのまま細胞質に，核にあったタンパク質Xはそのまま核にとどまっています。

アプローチ 問1 の(2)で確認したように，両方ある場合はとどめる荷札の方が優位に働くのです。タンパク質Xが細胞質にあるとき，aは核へ移動させる働きがありますが，cがあるために核へは移動せず細胞質にとどまっているのです。ということは，cには細胞質にとどめる働きがあると判断できます。タンパク質Xが核にある場合は，「細胞質へ移動させる荷札（b）」がついていないので，核にとどめるという働きがなくても核から移動できないのです。

(2) 次に**実験6**を分析しましょう。

今度は細胞質に移動させるbと，細胞質にとどめるcがあります。その結果，細胞質にあるものはそのまま細胞質にとどまります。これは当然ですね。一方，核にあったものは細胞質へ移動しています。これは，細胞質へ移動させるbの働きで細胞質に移動し，細胞質に移動するとそのまま細胞質にとどまると考えるとうまく説明できますね。

アプローチ　問2

(1) 核に移動させるaと，細胞質に移動させるbと，細胞質にとどめるcの3つの荷札がついていますね。

(2) まず，タンパク質Xが細胞質にある場合から考えましょう。「核に移動させるa」と「細胞質にとどめるc」の両方がある場合は，とどめる方が優位なので，**細胞質にとどまったままま**になると予想できます。

(3) それでは，核にある場合も同じように考えてみましょう。

解答へのプロセス — 問2

(1) 核にタンパク質Xがある場合は，タンパク質Xは「細胞質に移動させるb」の働きで細胞質に移動します。そして，もしもcがなければ，細胞質に移動してもaの働きで再び核に移動するものも現れ，**実験4**のように両方に分布するようになります。

(2) でも，この場合はcがあるので，**いったん細胞質に移動してしまうと，細胞質にとどめられてしまいます**。その結果，核にあったタンパク質Xは，**やがては細胞質に移動してそこでとどまる**ようになります。

解答

問1　a：細胞質から核へ移動させる働き。(15字)
　b：核から細胞質へ移動させる働き。(15字)
　c：細胞質へとどめる働き。(11字)

問2　a-b-c-X［細胞質→細胞質，核→細胞質］

15 レプチン

難易度★☆☆

(1) レプチンの働きについては，問題文の3～5行目に書いてあります。レプチンは，インスリンと同じように働くのに加え，視床下部にある摂食調節中枢に作用し，摂食を抑制し，肥満を抑えるホルモンです。

(2) レプチンに限らず，ホルモンがその働きをあらわすには，最低限，次の2つがそろっている必要があります。

① 正常にホルモンが分泌されること
＝作用する側が正常であること。

② ホルモンを正常に受容すること(受容体などが正常であること)
＝作用を受ける側が正常であること。

第1編のSTAGE 14で学習した「**作用反作用の法則**」ですね。

(3) 実験1で，正常マウスとの接合手術を受けたマウスAは，摂食行動が減少し，体重も減少しました。もちろん正常マウスからは正常にレプチンが分泌されているので，これがマウスAに作用し摂食行動を減少させ，体重を減少させたと考えられます。すなわちマウスAは，ちゃんとレプチンを受け取ることができているということになります。

作用を受ける側が正常であるにもかかわらず，マウスAは極端な肥満なのです。ということは，作用する側に欠陥があると判断できます。

(4) 実験2で，正常マウスとの接合手術を受けたマウスBは，摂食行動にも体重にも変化はみられませんでした(たくさん食べ続けて肥満のままだったということです)。正常マウスからは正常にレプチンが分泌されているはずです。ということは，作用を受ける側に欠陥があると判断できますね。

さらに，接合手術を受けた正常マウスの摂食行動が減少し，体重も減少しています。これはなぜでしょうか。

(5) ヒントは問題文の9～10行目に，ちゃんと合図とともに書いてあります。「また，マウスA，マウスBのもつ遺伝子異常は異なることがわかっている」です。

マウスAは作用する側に欠陥がありました。マウスBは作用を受ける側に欠陥がありました。もしもマウスBに，作用を受ける側と作用する側の両方に欠陥があるとすると，作用する側についてはマウスAと同じ欠陥になってしまい，「遺伝子異常が異なる」という条件に反します。

すなわち，マウスBは作用する側は正常で，ちゃんとレプチンを分泌しているのです。ですが，マウスＢではそのレプチンを受け取る側に欠陥があるため，負のフィードバック調節により，正常以上にレプチンを分泌していると考えられます。マウスＢが分泌した大量のレプチンが，接合手術を受けた正常マウスに作用したため，正常マウスの摂食行動も体重も減少したと考えられます。

解答へのプロセス — 問１～３

問１　アプローチ 問１～３ で考えたように，マウスＡは作用する側，すなわちレプチン分泌が正常に行われないという異常があります。マウスＢは作用を受ける側，すなわち，レプチン受容体に異常があると考えられます。

問２　マウスＡはレプチン分泌が正常に行われないのですから，分泌量はほぼ０と考えられます。

問３　接合手術を受けた正常マウスの摂食行動や体重が減少したことから，マウスＢは正常マウスよりも多量のレプチンを分泌していると考えられます。

アプローチ 問４

⑴　今度はマウスＡとマウスＢを接合させます。マウスＢはレプチンを受容できないので，実験２で正常マウスと接合させても摂食行動と体重のどちらにも変化はみられませんでした。ということはマウスＡと接合させても…？

⑵　一方，マウスＡはレプチンの受容体は正常で，マウスＢは大量のレプチンを分泌しています。

解答へのプロセス — 問４

ア，イ　マウスＡはマウスＢが分泌した大量のレプチンの作用を受けて，摂食行動が減少し，その結果，体重も減少すると考えられます。

ウ，エ　もともとマウスＡはレプチンを分泌していないということもありますが，マウスＢはレプチンを受容できないので，摂食行動に変化はみられず，その結果，体重も変化しないで肥満のままと考えられます。

解答

問１　③　　**問２**　①　　**問３**　③　　**問４**　②

16 ストレス防御遺伝子

難易度 ★☆☆

アプローチ 実験１，２

(1) 問題文の３～４行目にあるように，最終的に酸化ストレスから体を守る防御遺伝子を発現させるのはタンパク質Xです。そのタンパク質Xの機能を制御するのがタンパク質Yです。

(2) 11行目にあるように，**実験１**で単独で発現させるとタンパク質Xは核に存在します。でも，もともとタンパク質は細胞質中のリボソームで合成されるのでしたね。よって，タンパク質Xは細胞質で合成された後，核内に移動するタンパク質であると考えられます。

(3) 一方，タンパク質Yは細胞質に存在します。タンパク質Yが発現するとタンパク質Xは細胞質に存在するようになったので，**タンパク質Yはタンパク質Xが核に移動するのを抑制する**作用があると考えられます。

(4) さらに13～14行目にあるように，**酸化ストレスがあるとタンパク質Xは核へ移動**し，核内で防御遺伝子を発現させるとわかります。

また14～15行目にあるように，タンパク質Yは常に細胞質にとどまっているので，**タンパク質Yは核内に移動しない**とわかります。

(5) これで**実験２**の結果も納得できます。

① タンパク質Xのみを発現させると防御遺伝子の発現が誘導された。

➡ タンパク質Yがないのでタンパク質Xは核に移動し，タンパク質Xが防御遺伝子を発現させた。

② タンパク質Yとともに発現させると，タンパク質Xによる遺伝子発現誘導が抑制された。

➡ タンパク質Yがあるとタンパク質Xが核内に移動できず，遺伝子を発現させられなかった。

アプローチ 問１

(1) (あ)～(え)がすべてそろっている場合は，タンパク質Yがないときにはタンパク質Xが核内に移動できるため防御遺伝子が発現し，タンパク質Yがあるときには Xが核内に移動できないので防御遺伝子の発現が抑制されています。

(2) 「タンパク質Yと相互作用する領域」が欠失すると，タンパク質Yがあっても Yの作用が現れず，タンパク質Xが核内に移動するのを抑制できません。すなわち**タンパク質Yの有無にかかわらずタンパク質Xは核内に移動し，防**

御遺伝子の発現を誘導できるようになります。

(3) 一方,「mRNA 合成にかかわるタンパク質と相互作用して遺伝子を発現誘導するために必要な領域」が欠失してしまうと,タンパク質Yの有無に関係なく,遺伝子発現は抑制されたままになると考えられます。

解答へのプロセス — 問1

問1(1) 「タンパク質Yと相互作用する領域」が欠失していると,タンパク質Yがあっても Y の作用が現れず,タンパク質Xが核内に移動するのを抑制できません。

変異体①では,タンパク質Yがあっても防御遺伝子が発現しています。すなわちXが核内に移動したことを意味します。ということは,作用を受ける側(この場合はYと相互作用する領域)に欠陥があると推定できます。←「作用反作用の法則」

よって変異体①で欠失している(あ)の領域が,Yと相互作用する領域であると判断できます。

問1(2) 「mRNA 合成にかかわるタンパク質と相互作用して遺伝子を発現誘導するために必要な領域」が欠失していると,タンパク質Yがないときでも防御遺伝子の発現が抑制されたままになります。変異体②はタンパク質Yの有無にかかわらず防御遺伝子が発現しないので,変異体②で欠失している(い)の領域が mRNA 合成にかかわるタンパク質と相互作用して遺伝子を発現誘導するために必要な領域であると判断できます。

「適する領域を(あ)〜(う)から選べ」とあるので,**変異体②と同じ結果になっている変異体④で欠失した(え)をうっかり答えないようにしましょう。** 領域(え)は問題文に書いてあるとおり,タンパク質Xが DNA に結合する領域です。領域(え)が欠失していると,タンパク質Xが DNA に作用できないので,遺伝子発現が誘導できなくなります。

アプローチ 問2

(1) タンパク質Xの遺伝子を破壊したノックアウトマウスでも,通常の飼育環境下では大きな異常を示しません。でも酸化ストレスを発生させる薬剤を投与すると,酸化ストレスに対して弱くなっていることがわかりました。ということは,通常の飼育環境下では大きな酸化ストレスが生じていなかったということになります。

(2) タンパク質Yの遺伝子を破壊したノックアウトマウスでは，タンパク質Yが生じません。タンパク質Yがないと，どうなるでしょうか？

解答へのプロセス — 問2

問2(1) ストレスがあるとタンパク質Xが核内に移動して遺伝子発現を誘導するということは，ストレスがあるときはタンパク質Yによる抑制がなくなっていると考えられます。すなわち，ストレスがないときはタンパク質Yが発現してタンパク質Xの核内への移動を抑制しますが，ストレスがあるときはYが発現しなくなり，抑制が解除されてタンパク質Xが核内へ移動すると考えられます。すなわち通常飼育下ではストレスがなく，もともとタンパク質Xが核内に移動していないと考えられます。そのため，タンパク質Xが存在しないノックアウトマウスでも異常がみられなかったのでしょう。

問2(2) タンパク質Yがないとタンパク質Xの核内への移動を抑制できなくなるので，常にタンパク質Xが核内に移動し，防御遺伝子発現を誘導します。

解答

問1 (1) (あ)　(2) (い)

問2 (1) ①　(2) ⑧

17 性決定および性行動とホルモン

難易度★★★

アプローチ 問1

(1) 図1から，一定の温度で孵卵した場合，30℃ではメスのみが，33℃ではオスのみが産まれることがわかります。でも，図2で発生段階21以降さまざまな温度で孵卵すると，発生段階21までと発生段階25以降に30℃だったか33℃だったかにかかわらず，産まれるオス・メスの割合はさまざまになっています。そこで，図2から，**オスのみ，あるいはメスのみが生じているときの共通点**を探します。

(2) もちろん，ずっと33℃ではオスのみが，30℃ではメスのみが産まれています。

温度を変えた実験を見てみると，すべてオスになるのは，発生段階21から25までが33℃のときです。逆に，すべてメスになるのは，発生段階21から25までが30℃のときです。どちらの場合も，発生段階21から25以外の温度は関係しないようです。

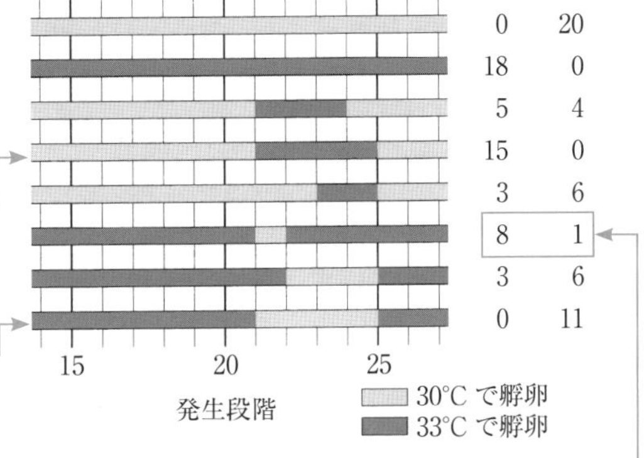

図2 孵卵条件および孵化した個体のオスとメスの数

また，発生段階21から25で，33℃の期間のほうが長ければ，オスのほうが多く生じるようです。

解答へのプロセス — 問1

(1) まずは，発生段階21から25の期間の温度によって性が決定することを書きます。33℃ならばオス，30℃ならばメスですね。

(2) また，指定字数が比較的多いので，発生段階21から25まですべての温度が33℃でなくても，33℃である時期が長ければオスの方がメスよりも多く生じることも解答に含めます。

アプローチ　問2

⑴　まず，アロマターゼが，テストステロンからエストロゲンを合成する酵素であることが書かれています。メモしておきましょう。

⑵　実験１で，33℃で孵卵しているにもかかわらず，エストロゲンを注射するとメスになったことから，最終的にエストロゲンが働くとメスになると考えられます。また，実験２では，33℃で孵卵していた場合はアロマターゼ活性が上昇しないことがわかります。

ところが実験３からは，33℃でも30℃とほぼ同じだけのアロマターゼ活性があることがわかります。この謎に挑戦しましょう！

⑶　実験２と実験３の違いを分析します。

実験２では，たとえばずっと33℃で孵卵していて，発生段階25で取り出して，33℃でのアロマターゼ活性を測定しています。一方，実験３では36℃で孵卵していて，発生段階25で取り出して33℃でのアロマターゼ活性を測定しています。

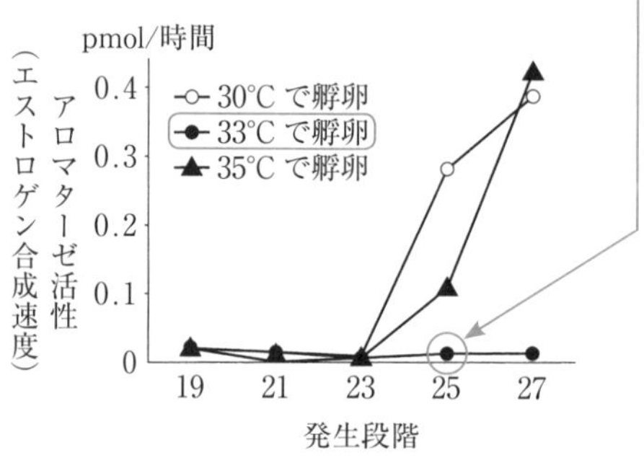

図３　発生に伴うアロマターゼ活性の変化

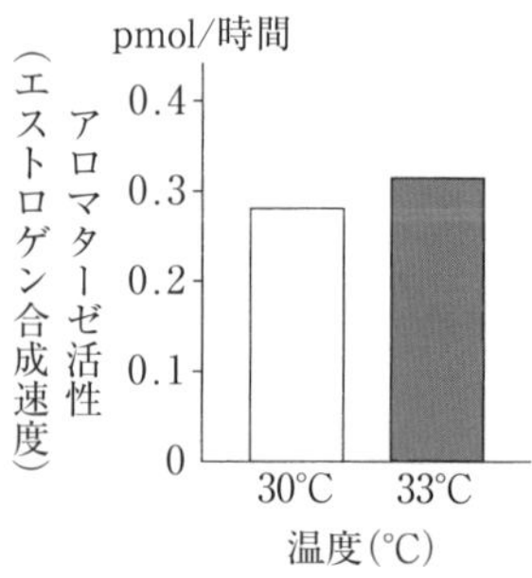

図４　アロマターゼ活性の温度依存性

発生段階25

実験２　33℃ ――→ 33℃で測定
実験３　36℃ ――→ 33℃で測定

どちらも最終的には33℃でのアロマターゼ活性を調べていますが，それまでの温度が違っているのです。

図３のグラフを見ると，30℃や35℃で孵卵した場合も，最初からアロマターゼ活性があるわけではありません。発生段階23を過ぎてからようやくア

ロマターゼ活性が上昇しています。ということは，最初から活性のあるアロマターゼがつくられているのではなく，発生段階23あたりから，ようやく活性のあるアロマターゼがつくられるようになると考えられます。すなわち，発生段階23までの温度が 30℃ や 35℃ であれば活性のあるアロマターゼがつくられるようになるのです。おそらくは，アロマターゼ遺伝子が発現するのでしょう。

(4) したがって，**実験2**で 33℃ のアロマターゼ活性が上昇しないのは，アロマターゼそのものが働きを失ったとかではなく，そもそも活性のあるアロマターゼがつくられなかったからと考えられます。**実験3**では発生段階25までが 36℃ だったので，活性のあるアロマターゼがつくられたと判断できます。

解答へのプロセス ― 問2

問2(1) 発生段階19でアロマターゼの阻害剤を加えておくと，たとえ活性のあるアロマターゼがつくられても働いてくれません。アロマターゼが働かないと，エストロゲンが合成されません。エストロゲンが合成されないと，孵卵温度にかかわらずオスになります。

問2(2) 図2と合わせて考えると，発生段階21から25の期間が 30℃ ならば活性のあるアロマターゼがつくられ，この作用でエストロゲンが合成されるはずです。その結果メスが生じるようになるのです。

逆に発生段階21から25の期間が 33℃ では，活性のあるアロマターゼがつくられないので，エストロゲンも合成されません。その結果，オスが生じるようになるというわけです。

アプローチ 問3

(1) 先ほどまでとは話が変わっていることに注意しましょう。さっきまではワニの性決定について，今度はマウスの性行動についての実験です。

(2) まず，マウスのオスはマウンティング，メスはロードーシスという性行動を取ることを確認しましょう。

実験4：メスであっても，テストステロンを注射すると，オスが行うマウンティング行動を示しました。

➡ テストステロンがマウンティング行動を起こさせる？

実験5：精巣を摘出し，テストステロンがないようにすると，オスなのにメスが行うロードーシス行動を示しました。

➡ テストステロンがないとロードーシス行動が示される？

実験6：ところが，テストステロン受容体を欠損させても，オスはマウンティング行動を示したのです！ **実験4**で考えたものと矛盾しますね。

(3) 受容体が欠損していると，テストステロンは作用できません。それでもマウンティング行動を示したのです。ということは…？ そう！ これは**STAGE 15**の**「無関係無反応の法則」**ですね。

テストステロンがあってもなくてもマウンティング行動を示すのですから，**テストステロンはマウンティング行動には直接は関係なかった**のです！

(4) では最後の**実験7**について考えます。

実験7：エストロゲン受容体を欠損させると，オスであってもメスが行うロードーシス行動を示しました。

➡ **エストロゲンが作用しないとロードーシス行動が行われる**と考えられます。

(5) 設問の中にもヒントがあります。70行目の「テストステロンからエストロゲンを合成する活性をもつアロマターゼは，オス，メス両方で出生時の脳の細胞に存在する」です。

性行動を決定する脳の細胞にアロマターゼが存在しているので，テストステロンがあればエストロゲンが合成される，テストステロンがなければエストロゲンも合成されなくなるのです。

(6) これをもとに，**実験4**と**実験5**を再確認しましょう。

実験4：テストステロンをメスに注射すると，アロマターゼの働きでエストロゲンが合成され，その結果，マウンティング行動を示した。

実験5：精巣を摘出するとテストステロンが供給されず，エストロゲンも合成されないため，その結果，ロードーシス行動が示された。

これは(4)で考えた**「エストロゲンが作用しないとロードーシス行動が行われる」**という推論と合致しますね。

(7) つまり，性行動を決定する直接の犯人は，テストステロンではなくエストロゲンだったのです。

解答へのプロセス ― 問3

問3(1) 解答の字数が非常に多いので,問題文を上手に使ってまとめましょう。

問題文51～52行目に「性行動は，脳のある部分によって支配されている」と書いてあります。また，52行目で「この脳の部分は，生後1週間以内に…形成される」とあります。さらに53～54行目にわざわざ「ステロイドホルモンは，細胞内の受容体に結合することでそのシグナルを核に伝える」という話が書いてあります。また，**実験 5** にはテストステロンの分泌源が精巣であることが書かれています。このあたりを上手に活用して，オス，メスそれぞれについて，次のことを踏まえて解答を作製しましょう。1つの文章が長くなりすぎないように気をつけます。

雄 ① 精巣からテストステロンを分泌。

② これが脳でアロマターゼによってエストロゲンになる。

③ エストロゲンがエストロゲン受容体に結合 → 核にシグナル。

④ 交尾の際にマウンティング行動を示す。

雌 ① 精巣がない＝テストステロン濃度が非常に低い(←**実験 4**)。

② 合成されるエストロゲンが少ない。

③ エストロゲンがエストロゲン受容体に結合しないと，核にシグナルが送られない。

④ 交尾の際にロードーシス行動を示す。

問 3(2) アロマターゼを欠損すると，エストロゲンは合成されません。エストロゲンが作用しないとロードーシス行動が示されます。

解答

問 1 発生段階21から25の間の温度条件によって性が決定する。この期間の中で33℃である時期が長ければオスに，30℃である時期が長ければメスになる確率が高くなる。(74字)

問 2 (1) ①

(2) 発生段階21から25の期間の温度が30℃だとアロマターゼがつくられ，アロマターゼの働きでエストロゲンが合成され，その結果メスになる。一方この期間の温度が33℃だとアロマターゼがつくられず，エストロゲンも合成されないためオスになると考えられる。(117字)

問 3 (1) オスでは，精巣から分泌されたテストステロンが，脳の特定の部位においてアロマターゼの働きでエストロゲンに合成される。エストロゲンが細胞内のエストロゲン受容体に結合してそのシグナルを核に伝えると，成長後，交尾の際マウンティング行動を示す。メスではテストステロン濃度が非常に低く，エストロゲンの合成量も非常に少ない。そのためエストロゲンがエストロゲン受容体に結合したというシグナルが核に伝えられず，成長後，交尾の際はロードーシス行動を示す。(217字)

(2) オス： ロードーシス行動　　メス：ロードーシス行動

18 イオンチャネル　難易度 ★☆☆

アプローチ　問1

(1) 問1では「実験1～3の結果から」推測されることを答えるので，実験4を見る前に実験3までで解答しましょう。問題文の5行目に，「チャネルが開くと陽イオンが通過する」ことが書いてあります。登場するチャネルはTRPV1（以後V1と略）とTRPM8（以後M8と略）の2種類です。

(2) それぞれの実験について見ていきましょう。

実験1：V1を発現しているマウスの細胞についての実験です。図2では，明らかに辛みが強い（＝カプサイシンが多い）ほど陽イオンの通過量が多いこと，つまり，V1はカプサイシンが多いほど開くチャネルだとわかります。

実験2：マウスBはM8をもたないマウスです。マウスBではメントールに反応した細胞が0％になっています。よって，M8はメントールに反応して開くチャネルだとわかります。

表1　カプサイシンまたはメントールに反応した神経細胞の割合

細胞を採取したマウス	カプサイシンに反応した細胞	メントールに反応した細胞
マウスA	59%	18%
マウスB	61%	0%

また，図3では，温度が22℃に低下すると，メントール反応細胞内のCa^{2+}濃度が上昇しています。すなわち，この細胞がもつチャネルはメントールがなくても，低温によって開くチャネルだということがわかります。つまり，M8は低温（22℃）でも開くチャネルです。

実験3：M8は低温で開くチャネルなので，M8をもたないマウスBでは，22℃では陽イオン流入が観察されません。

V1をもたないマウスCでは，45℃において，V1をもつマウスAやマウスBに比べて陽イオンが流入する細胞が減少しています。つまり，V1は45℃の高温でも開くチャネルだとわかります。

表2　各温度で陽イオンの流入が観察された細胞の割合

細胞を採取したマウス	12℃	22℃	45℃
マウスA	5%	18%	59%
マウスB	5%	0%	58%
マウスC	5%	19%	7%

解答へのプロセス — 問1

選択肢①, ②：登場したのはV1とM8の2種類で，アプローチ 問1 より，V1はカプサイシンに反応するチャネル，M8はメントールに反応するチャネルです。

➡ ①は誤り，②は正解。

選択肢③, ④：V1は確かに**45℃で開くチャネル**でした。一方，表2を見ると，すべてのマウスで12℃における陽イオンが流入した細胞の割合は変わりません。よって，**V1は12℃で開くチャネルではない**と判断できます。

➡ ③は正解，④は誤り。

選択肢⑤, ⑥：V1は45℃で開くチャネルです。ところがそのV1をもたないマウスCでも，45℃で陽イオンが流入している細胞がわずか(7%)ですが存在します。ということは，**V1以外にも45℃で開くチャネルがある**はずです。一方，V1は12℃で開くチャネルではありませんでしたね。

➡ ⑤は誤り，⑥も誤り。

アプローチ 問2，3

(1) 実験4を確認しておきましょう。

右半分は快適な30℃，左半分の温度が変わります。そして，調べたのは左半分に滞在した時間です。左半分の温度を不快と感じれば，すぐに快適な右半分に移動するはずなので，左半分での滞在時間は短くなります。

(2) V1もM8ももつマウスAでは，左半分が30℃以外の温度は不快と感じたようです。ところが**M8をもたないマウスBは，20℃を不快と感じなかった**ようです。でも，5℃や49℃はちゃんと不快と感じているようです。

解答へのプロセス — 問2，3

問2 選択肢を検討しましょう。

選択肢①, ②：アプローチ 問1 の(2)のとおり，M8は22℃で開くチャネルでした。45℃で開くチャネルはV1の方です。

➡ ①は正解，②は誤り。

選択肢③, ④：これもアプローチ 問1 の(2)のとおり，M8はメントールによっても開くチャネルでした。カプサイシンで開くチャネルはV1でした。

➡ ③は正解，④は誤り。

選択肢⑤, ⑥：M8 をもたないマウスＢで 20℃を認識できなかったので，20℃に対して忌避反応を示すには M8 が必要です。でも，マウスＢでも 49℃に対してはちゃんと忌避反応を示しているので，49℃に対して忌避反応を示すには M8 は必要ではないといえます。

➡ ⑤は正解，⑥は誤り。

問 3　M8 がないと 20℃を認識できません。でも，M8 がなくても 5℃は認識できているので，5℃を認識するには M8 は必要ないといえます。つまり，マウスＢは 20℃は認識できずに忌避行動をとりませんでしたが，5℃は認識できるので，忌避行動をとったのです。

アプローチ　問 4

メントールの刺激で開くチャネルは M8 の方でした。M8 は低温刺激でも開くチャネルでしたね。

解答へのプロセス — 問 4

(1)　93行目に「TRPV1 または TRPM8 のいずれかの語を用いて答えよ」という指示があるので，いずれかを用います(両方を使ってはいけません！)。メントールの刺激に反応するのは TRPM8 ですね。

(2)　M8 は，メントールでも低温でも開いて陽イオンが流入するので，どちらの刺激でも同じ感覚神経細胞が同じ反応を示します。したがって，メントールの刺激で，低温を感知するのと同じ感覚神経が反応するので，どちらの刺激だったのかの区別がつかず，メントールの刺激なのに低温刺激と感じてしまうのだと考えられます。

(3)　① M8 はメントールでも低温でも反応すること。

②メントール刺激でも，低温刺激のときと同じ感覚神経細胞が，同じ反応を示すこと。

この 2 点について書きます。

解答

問 1　②，③　**問 2**　①，③，⑤　**問 3**　④

問 4　TRPM8 はメントール刺激でも低温刺激でも開くチャネルである。そのためメントール刺激でも，低温刺激のときと同じ感覚神経細胞が同じ反応を示し，区別がつかないから。(80字)

19 線虫の分化　難易度★★★

実験1と2を解析しましょう。

X(−)変異体について：Xタンパク質が機能しないX(−)変異体では，C細胞だけが生じてD細胞が生じません。

➡ Xタンパク質はD細胞への分化に必要だとわかります。

X(++)変異体について：Xタンパク質が常に機能するX(++)変異体では，D細胞だけが生じてC細胞が生じません。

➡ やはり，Xタンパク質の作用によってD細胞への分化が行われるとわかります。

解答へのプロセス — 問1

(1) 選択肢を検討していきましょう。まずは選択肢①・②・③です。

一方の細胞が他方の細胞に影響を及ぼさず，他方の細胞に関係なく分化するのであれば，正常型でも，偶然C細胞が2個またはD細胞が2個生じることがあるはずです。でも，実際には正常型の場合はきれいにC細胞とD細胞の2種類が分化しているので，**お互い影響を及ぼし合っている**と考えられます。

➡ ①は正解，②・③は誤り。

(2) 次は選択肢④・⑤です。

アプローチ 問1 でみたように，Xタンパク質はD細胞の分化に必要なはずです。Xタンパク質が機能しないとC細胞が分化しているので，**C細胞の分化にはXタンパク質は必要ない**はずです。

➡ ④は誤り，⑤は正解。

(3) 最後に選択肢⑥です。

実験1の(c)でA細胞ではXタンパク質が機能し，B細胞ではXタンパク質が機能しない場合，A細胞がD細胞へ，B細胞がC細胞へ分化しています。ということは，**D細胞に分化するために，他方の細胞でXタンパク質が機能する必要はありません。**

➡ ⑥は誤り。

アプローチ 問2

(1) 実験3，4の(a)と(b)を比べます。一方の細胞でXタンパク質の濃度が高いと，もう一方の細胞ではYタンパク質の濃度が高くなっています。

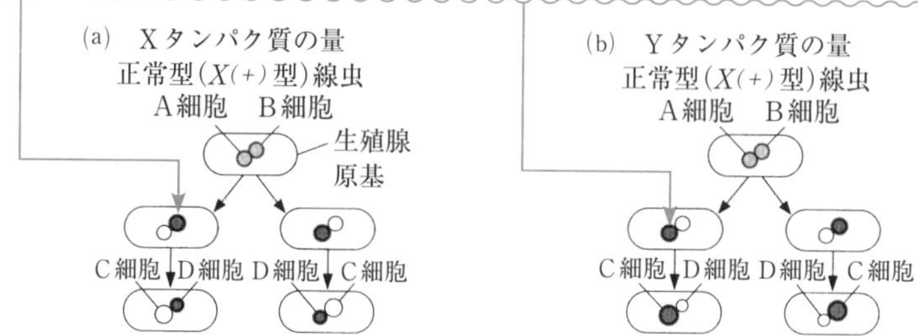

(2) また，図3の*X(++)*変異体の実験結果から，Xタンパク質が多い細胞ではYタンパク質は少なく，*X(−)*変異体の実験結果から，Xタンパク質が少ない細胞ではYタンパク質が多いことがわかります。

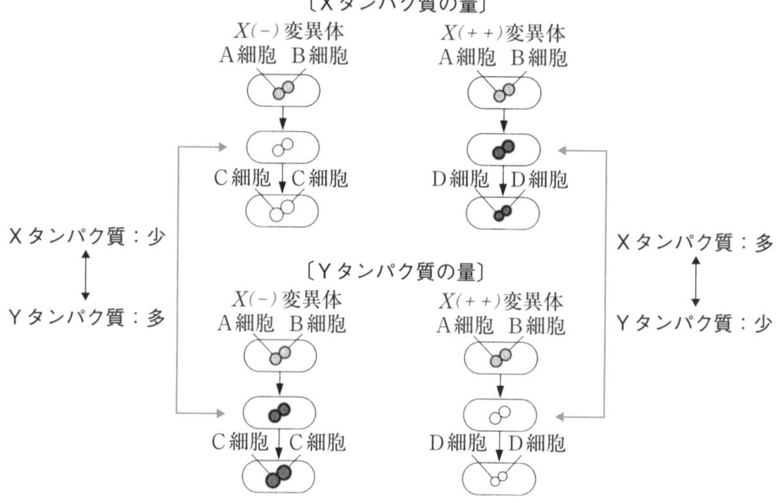

解答へのプロセス — 問2

(1) 図4に描いてある通り，Yタンパク質は [1] X タンパク質に作用します。

(2) 図3の正常型である(a)と(b)をみます。Yタンパク質の濃度が高い細胞の隣の細胞ではYタンパク質が少なく(b)，逆にXタンパク質の濃度が高くなっています(a)。よって，Yタンパク質の作用を受けた細胞では，Xタンパク質が [3] 増加 すると考えられます。

(3) また，Xタンパク質濃度が高い細胞ではYタンパク質濃度が低くなっているので，Yタンパク質の作用を受けた細胞ではYタンパク質が[2] 減少 すると考えられます。

(4) 逆に，図3の*X(−)*変異体の実験結果から，Yタンパク質が増加した細胞では，Xタンパク質は[4] 減少 していることがわかります。Xタンパク質が機能しないとD細胞が生じず，[5] C 細胞に分化するのでしたね。

アプローチ 問3

(1) 今までの内容を整理すると，次のように考えることができます。

Xタンパク質がYタンパク質から作用を受ける
⟶ Xタンパク質が活性化する
⟶ Xタンパク質の遺伝子（X遺伝子）の転写が促進される
⟶ Xタンパク質が増加する
⟶ D細胞へ分化する

(2) それでは，**Xタンパク質がYタンパク質からの作用を受けない場合**はどうなるでしょうか。手がかりは*X(−)*変異体です。

*X(−)*変異体はXタンパク質が機能しないので，Yタンパク質からの作用を受け取ることができません。図3の(b)の*X(−)*変異体の結果を見ると（右図），*X(−)*変異体ではYタンパク質の量が多くなっています。

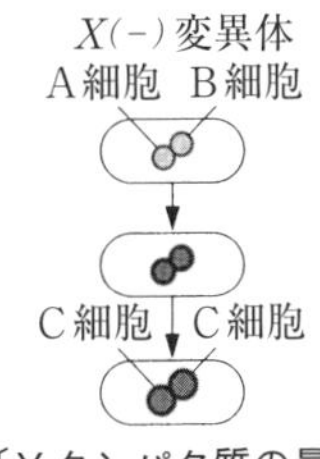

〔Yタンパク質の量〕

Xタンパク質がYタンパク質からの作用を受けないとYタンパク質の量が増える，つまり，作用がなくなると勝手に反応するのですから，**「鍵なしびっくり箱の法則」**ですね。

(3) すなわち，Yタンパク質の作用を受けて活性化したXタンパク質は，Yタンパク質の遺伝子の転写を抑制していたのです。Xタンパク質が活性化しなくなると自動的にYタンパク質の遺伝子の転写が促され，Yタンパク質の量が増加するのです。

(4) (1)を修正して，再度まとめておきましょう。

Xタンパク質がYタンパク質から作用を受ける
⟶ Xタンパク質が活性化する
⟶ { Xタンパク質の遺伝子の転写が促進される
　　Yタンパク質の遺伝子の転写が抑制される }

⟶ {Xタンパク質が増加する
Yタンパク質が減少する

⟶ D細胞へ分化する

(5) そして，Yタンパク質からの作用を受けない場合は次のようになると考えられます。

Xタンパク質がYタンパク質から作用を受けない

⟶ Xタンパク質が活性化しない

⟶ {Xタンパク質の遺伝子の転写は促進されない
Yタンパク質の遺伝子の転写が促進される

⟶ {Xタンパク質は減少する
Yタンパク質は増加する

⟶ C細胞へ分化する

解答へのプロセス ― 問3

一方の細胞をレーザーにより破壊してしまうと，残った細胞はYタンパク質からの作用を受けることができなくなります。Yタンパク質の作用を受けなくなると…，あとは アプローチ 問3 で確認した通りです。必ず指定された用語を使って答えましょう！

解答

問1 ①，⑤

問2 1－⑤　2－⑩　3－⑨　4－⑩　5－③

問3 Yタンパク質からの作用を受けないためXタンパク質は活性化しない。その結果，X遺伝子の転写促進やY遺伝子の転写抑制が行えず，Xタンパク質の量は減少しYタンパク質の量が増加するので，C細胞へと分化する。(99字)

20 地球外生命体の遺伝暗号

難易度★★☆

アプローチ 問1

(1) 地球外生命体!! すごいテーマの問題ですね！ でも，大丈夫ですよ。地球の生物の遺伝暗号が解明されたのと同じ手順で考えていきましょう。

(2) α・β・γの遺伝基が塩基，a～yのポリマー残基がアミノ酸に相当する物質なのでしょう。地球上の生物はすべて，塩基3つで1つのアミノ酸を指定しています。でもこの場合はどうでしょうか。

(3) $(\alpha)_n$＝(ααα・・・)では，$(a)_n$＝(aaa・・・)となりましたが，α1個でa1つを指定しているのか，α2個でa1つを指定しているのか，はたまたα3個でa1つを指定しているのか，全くわかりません。ただ，αのみの場合はaに対応することだけはわかります。

同様に，$(\beta)_n$で$(b)_n$となっています。βのみだとbに対応することはわかりますが，β何個でb1つを指定するのかはわかりません。

(4) $(\alpha\beta)_n$＝αβαβαβ…　では，$(g)_n$と$(l)_n$が生じました。

α1個でa1個，β1個でb1個を指定しているのであれば，生じるタンパク質様ポリマーは$(ab)_n$＝abababab…となるはずなので，**遺伝基1個でタンパク質様ポリマー1個を指定しているのではない**ことがわかります。

(5) 次に$(\alpha\alpha\beta)_n$の結果を見ると，$(dfk)_n$となっています。

遺伝基2個でポリマー残基1個を指定すると，

αα｜βα｜αβ｜αα｜βα｜αβ｜αα｜β・・・

となります。[αα]は(3)で考えたように「a」に対応するはずですが，「a」は生じていません。遺伝基2個でポリマー残基1個を指定するのでもないようです。

(6) 遺伝基3個でポリマー残基1個を指定するとどうなるでしょうか。

・・・ααβ｜ααβ｜ααβ｜・・・

と読めます。でも1つ読み枠がずれると次のようにも読めます。

・・・α｜αβα｜αβα｜αβ・・・

同様に，次のようにも読めます。

・・・αα｜βαα｜βαα｜β・・・

よって，全部で，3種類のポリマー残基が生じることになります。

(7) 「やった～♪ 3個が答えだ!!」と考えてはダメですよ！

例えば[ααβ]が「d」を，[αβα]が「f」を，[βαα]が「k」を指定

すると仮定すると，次のようなタンパク質様ポリマーが生じることになります。

$(d)_n$，$(f)_n$，$(k)_n$

＝ｄｄｄｄｄ…，あるいはｆｆｆｆｆ…，あるいはｋｋｋｋｋ…

でも実際には，$(dfk)_n$＝ｄｆｋｄｆｋｄｆｋ…　が生じているのです。残念ながら遺伝基３個でポリマー残基１個を指定する，というのも誤りでした。

(8)　それでは，遺伝基４個でポリマー残基１個を指定すると仮定して考えてみましょう！

解答へのプロセス ― 問１

(1)　$(\alpha\alpha\beta)_n$について，遺伝基４個でポリマー残基１個を指定すると考えます。

αａβα｜αβαα｜βααβ｜ααβα｜αβ・・・

で，［ααβα］に対応するポリマー残基，［αβαα］に対応するポリマー残基，［βααβ］に対応するポリマー残基の３種類が連なるタンパク質様ポリマーが生じます。

(2)　読み枠が１つずれると，

α｜αβαα｜βααβ｜ααβα｜αβαα｜β・・・

となりますが，結果的に，［αβαα］，［βααβ］，［ααβα］の３種類なので，先ほどの(1)と同じです。

(3)　読み枠がもう１つずれても，

αα｜βααβ｜ααβα｜αβαα｜βααβ｜・・・

となり，やはり，［βααβ］，［ααβα］，［αβαα］の３種類が生じます！OK ですね (^^♪

アプローチ　問２

(1)　４遺伝基で１つのタンパク質様ポリマーを指定することがわかりました。次は，表の上から順に，ポリマー残基を指定する遺伝基の並び方を分析していきましょう。

(2)　［αααα］は「ａ」，［ββββ］は「ｂ」ですね。

［αααα］＝「ａ」
［ββββ］＝「ｂ」

(3)　$(\alpha\beta)_n$の結果を解析しましょう。

|αβαβ|αβαβ|αβ・・・

α|βαβα|βαβα|β・・・

αβ|αβαβ|αβαβ|・・・

αβα|βαβα|βαβα・・・

となるので，［αβαβ］か［βαβα］のどちらかが「g」，どちらかが「l」を指定します。

⑷ 次は$(\alpha\alpha\beta)_n$です。問1を解く過程で，［ααβα］，［αβαα］，［βααβ］の3種類が，「d」，「f」，「k」のいずれかを指定することがわかりましたね。

⑸ では，$(\alpha\alpha\alpha\beta)_n$を分析しましょう。

|αααβ|αααβ|αααβ|・・・

α|ααβα|ααβα|ααβ・・・

αα|αβαα|αβαα|αβ・・・

ααα|βααα|βααα|β・・・

生じるのは［αααβ］と［ααβα］と［αβαα］と［βααα］の4種類で，「c」，「d」，「f」，「j」のいずれかを指定します。

おっ！「d」と「f」は⑷でも登場しましたね。

［ααβα］，［αβαα］，［βααβ］のいずれかが「d」か「f」，［αααβ］，［ααβα］，［αβαα］，［βααα］のいずれかも「d」か「f」です。

共通しているのは［ααβα］と［αβαα］なので，［ααβα］と［αβαα］が「d」と「f」のいずれかだとわかります。自動的に，⑸で残った［αααβ］，［βααα］が「c」か「j」とわかります。さらに⑷で残った［βααβ］が「k」だと決定できます！

決定したものは忘れないようにメモしておきましょう。

［βααβ］=「k」

⑹ さあ！ 頑張って次は$(\alpha\alpha\beta\beta)_n$です。

|ααββ|ααββ|ααββ|・・・・

α|αββα|αββα|αββα|・・・

αα|ββαα|ββαα|ββαα|・・・

ααβ|βααβ|βααβ|βααβ|・・・

［ααββ］,［αββα］,［ββαα］,［βααβ］のいずれかが,「e」,「h」,「n」，「k」を指定します。

おっ！ またまた⑷で登場した「k」が再登場です。

(4)の[ααβα]，[αβαα]，[βααβ]と，[ααββ]，[αββα]，[ββαα]，[βααβ]とで共通している[βααβ]が「k」に対応します。(5)のメモとも合致しますね。

(7) もうひと踏ん張り！　次は$(\alpha\alpha\alpha\alpha\beta)_n$で，$(a\ j\ f\ d\ c)_n$が生じます。

|αααα|βααα|αβαα|ααβα|αααβ|・・・

α|αααβ|αααα|βααα|αβαα|ααβα|・・・

さらにずれても同じ種類のものが生じます。

[αααα]・[βααα]・[αβαα]・[ααβα]・[αααβ]が指定するポリマー残基が順番に並ぶタンパク質様ポリマーが生じます。それが，$(a\ j\ f\ d\ c)_n$というわけです。

[αααα]は「a」とわかっていますね。なので，順番に[βααα]が「j」，[αβαα]が「f」，[ααβα]が「d」，[αααβ]が「c」だと判断できます。

メモしておきましょう！

[βααα]=「j」
[αβαα]=「f」
[ααβα]=「d」
[αααβ]=「c」

(8) いよいよ最後です。$(\alpha\alpha\alpha\beta\beta)_n$で$(c\ j\ n\ h\ e)_n$が生じます。

|αααβ|βααα|ββαα|αββα|ααββ|・・・

で，ずれても同じ種類のものが生じます。

すなわち[αααβ]・[βααα]・[ββαα]・[αββα]・[ααββ]の5種類が「c」・「j」・「n」・「h」・「e」のいずれかに対応します。

この中で[αααβ]は「c」を，[βααα]は「j」を指定することがわかっています。よって残りは順番に，[ββαα]=「n」，[αββα]=「h」，[ααββ]=「e」だとわかります。メモしておきましょう。

[ββαα]=「n」
[αββα]=「h」
[ααββ]=「e」

解答へのプロセス — 問 2

(1) 問われているのは($\alpha\alpha\alpha\alpha\alpha\beta$)$_n$です。

| α α α α | α β α α | α α α β | ・・・ で，順に
「a」「f」「c」が順に並びます。このタンパク質様ポリマーを**(ア)**とします。

α | α α α α | β α α α | α α β α | ・・・ の場合は，
「a」「j」「d」が順に並びます。このタンパク質様ポリマーを**(イ)**とします。

α α | α α α β | α α α α | α β α α | ・・・ の場合は，
「c」「a」「f」が順に並ぶので**(ア)**と同じになります。

α α α | α α β α | α α α α | β α α α | ・・・・ の場合は
「d」「a」「j」が順に並ぶので，**(イ)**と同じになります。さらに読み枠がずれていっても**(ア)**，**(イ)**のうちのいずれかになります。

(2) **(ア)**の場合はａｆｃａｆｃａｆｃ・・・となるので(ａｆｃ)$_n$，**(イ)**の場合はａｊｄａｊｄａｊｄ・・・となるので(ａｊｄ)$_n$と答えます。(ａｆｃ)$_n$は(ｆｃａ)$_n$や(ｃａｆ)$_n$と答えてもOKです。同様に，(ａｊｄ)$_n$は(ｊｄａ)$_n$や(ｄａｊ)$_n$と答えてもOKです。

(3) いかがでしたか？ 地球外生命体の遺伝暗号まで解読できる考察力と思考力が身につきましたよ！ すごいですね!! !(^^)!

解答

問1 4個

問2 (ａｆｃ)$_n$，(ａｊｄ)$_n$